U0347171

幸福小"食"光

点击率高的网络美食

甘智荣　主编

中国纺织出版社

图书在版编目（CIP）数据

点击率高的网络美食 / 甘智荣主编．—北京：
中国纺织出版社，2017.3（2025.3 重印）
（幸福小"食"光）
ISBN 978-7-5180-3141-2

Ⅰ. ①点⋯　Ⅱ. ①甘⋯　Ⅲ. ①菜谱　Ⅳ.
① TS972.12

中国版本图书馆 CIP 数据核字（2016）第 294980 号

摄影摄像：深圳市金版文化发展股份有限公司
图书统筹：深圳市金版文化发展股份有限公司

责任编辑：舒文慧　　责任校对：高涵　　责任印制：王艳丽

中国纺织出版社出版发行
地址：北京市朝阳区百子湾东里 A407 号楼　　邮政编码：100124
销售电话：010-67004422　传真：010-87155801
http://www.c-textilep.com
中国纺织出版社天猫旗舰店
官方微博 http://weibo.com/2119887771
三河市天润建兴印务有限公司印刷　各地新华书店经销
2017 年 3 月第 1 版　2025 年 3 月第 4 次印刷
开本：710×1000　1/16　印张：10
字数：103 千字　定价：58.00 元

前言
PREFACE

　　有这么一群人，寻遍街头巷尾，花费大把时间探访各种大酒店、老字号、苍蝇馆，仅仅是为了品尝到最美味的菜肴。而品尝后又对美食念念不忘，再自己钻研制作，使菜肴更加完美。这就是食客。

　　古代食客喜欢做的是把美食写成诗，供友人及后代品味。就如苏东坡，走到哪、吃到哪、写到哪，不但曾做出"日啖荔枝三百颗，不辞长作岭南人"这种脍炙人口的美食名句，还四处品尝美食，用当时并没改良过、味道不太好的猪肉做出了"东坡肉"这道流传千古的名菜，是那个时代真正的食客。

　　而现代的食客，更喜欢用手机拍下自己吃到的美味，以互联网为媒介，"晒"给自己的亲朋好友看。而有时候，只吃不过瘾，还会小露一手，把自己做好的美食传上网络，让更多人看到美食、学做美食。

本书搜罗了100道网络上点击率超高的人气菜，菜式变化多样，除了大家普遍喜爱的家常菜，也有异国风味菜，还囊括众多烹饪方法和口味，酸甜、酸辣、凉拌、开胃、重口味……超下饭的多种菜肴任您选择。以简单易懂的文字表述制作步骤，还有贴心的二维码，扫一扫就可见高清视频，新手入厨也能取得成功。让美食不只是纸上谈兵，而是唾手可得，让您在家动手就可制作心仪的美味。

目录
CONTENTS

Chapter 1 让做菜变得更简单的窍门

Chapter 2 这100道菜你都会做吗

Chapter 1

让做菜变得更简单的窍门

每天餐桌上的菜肴，

炒、蒸、炖、煮，或荤或素，千变万化，

做法却始终是那几种。

想要菜品的味道在众多菜肴中脱颖而出，

有些小窍门就显得尤为重要。

选好食材做好菜

有句话说"巧妇难为无米之炊"，说的是，如果家里没米，即使巧妇的厨艺再好，也做不出米饭。把这句俗语的意思延伸开来，就可以说，如果没有好的食材，就做不出美味的菜肴。一个烹调者，要想把菜做好，首先就要从选择好食材开始。

「猪肉鉴别两法宝」

新鲜猪肉有两个鉴别标准——气味香，手感不黏。

①鲜香无异味：新鲜的猪肉带着固有的鲜香气味，不新鲜的猪肉通常稍有氨味或酸味。经过冷冻的新鲜猪肉，解冻后肌肉色泽、气味、含水量等均正常；过期冷冻肉脂肪暗黄，肌肉干枯发黑，表面有风干氧化斑点，就近闻会有淡臭味，解冻后臭味更浓。

②表面不黏，弹性好：触摸新鲜的猪肉表面，感觉微干或稍湿，但不黏手，弹性好，指压凹陷后能立即复原。不新鲜的肉，摸起来会感觉表面干燥或有些黏手，新切面湿润，指压后的凹陷不能立即恢复，弹性差。

「贝壳类选购听声音」

单靠肉眼很难分辨贝壳新鲜与否，可将贝类互相碰撞，如果声音听来像金属般清脆的话，即表示是鲜活的；若是声响空洞，则为死贝。

「虾类选购看外观」

虾头与虾身要紧密连接，色泽透明，外壳光滑；虾肉应坚实富有弹性。如外观看不出异状，但虾身已全变黑或头腹断裂，表示含有防腐剂，不可购买。

「鱼类选购有诀窍」

新鲜的鱼，眼球应当凸起、透明，黑白分明；鱼鳃鲜红整洁；鱼体颜色有光泽，并且没有变色；鳞应完整无缺，紧贴鱼身；肉身有弹性；除鱼腥味外，不应有其他气味。

「蟹类选购看"活力"」

蟹类当然要挑生猛活泼的。按压蟹盖，轻捏蟹肚，可分辨肉质的结实度。坚硬、较重的话，肉质亦较结实肥美。膏蟹则应选蟹盖边缘是黑色及无空隙的，才是最好的。

「鱿鱼选购看颜色」

优质鱿鱼体形完整坚实，呈粉红色，有光泽，体表略现白霜，肉肥厚，半透明，背部不红。劣质鱿鱼体形瘦小残缺，颜色赤黄略带黑，无光泽，表面白霜过厚，背部呈黑红色或玫红色。

「绿土豆不能吃」

买回来的土豆放几天就容易变绿，绿色的皮中龙葵素含量很高，食用后易中毒，因此，发芽和表皮发绿的土豆不能食用。

「豆芽要选有根的」

用尿素等添加剂泡发的豆芽一般又短又粗，没有根须，加热后有明显的尿骚味。选购豆芽一定要选有根的，芽茎不要太粗壮。没施农药的绿豆芽，豆芽皮是绿色的；施过农药的，豆芽皮是棕黑色的。

「西红柿别买顶部尖的」

购买西红柿要看形状和色泽，个头大的未必质量可靠，尤其一些有棱有角、奇形怪状或中间有乳头状凸起的畸形西红柿，一定不要买，因为这样的西红柿可能使用了过量激素。

「黄瓜可买打弯的」

打弯黄瓜比直黄瓜更令人放心，因为出于卖相好看的考虑，一些菜农会使用药物让黄瓜长得笔直顺溜，打弯黄瓜就让人放心一些。

「萝卜不选带黑斑的」

新鲜的萝卜外表光滑，色泽清新，水分饱满；如果表皮松弛或出现黑斑，则表示已经不新鲜了。

正确焯水，让烹饪时间减半

焯水的应用范围较广，大部分蔬菜和带有腥膻气味的肉类原料都需要焯水。焯水的作用有以下几个方面：

NO. 1

可以使蔬菜颜色更鲜艳，质地更脆嫩，减轻涩、苦、辣味，还可以杀菌消毒。如菠菜、芹菜、油菜通过焯水变得更加艳绿。苦瓜、萝卜等焯水后可减轻苦味。四季豆中含有毒素，通过焯水可以解除毒性。

NO. 2

可以去除肉类原料的血污及腥膻异味，如牛、羊、猪肉及其内脏焯水后都可减少异味。

NO. 3

便于原料进一步加工操作，有些原料焯水后容易去皮，有些原料焯水后便于进一步加工切制等。

NO. 4

可调整几种不同原料的成熟时间，缩短正式烹调时间。由于原料性质不同，加热成熟的时间不同，可以通过焯水使几种不同的原料成熟时间一致。如肉片和蔬菜同炒，蔬菜经焯水后达到半熟，那么，炒熟肉片后，加入焯水的蔬菜，很快就可以出锅。如果不焯水就放在一起烹调，会造成原料生熟不一、软硬不一。

巧妙调味，味道更佳

调味是菜肴最后成熟的技术关键之一。只有不断地操练和摸索，才能慢慢地掌握其规律与方法，并与火候巧妙地结合，烹制出色、香、味、形俱好的佳肴。

调味的根据大致有以下几点：

新鲜的鸡、鱼、虾和蔬菜等，其本身具有特殊鲜味，调味不应过量，以免掩盖天然的鲜美滋味。腥膻气味较重的原料，调味时应酌量多加些去腥解腻的调味品，以便减恶味增鲜味。本身无特定味道的原料可加入鲜汤，还应按照具体要求施以相应的调味品。

每种菜都有自己特定的口味，这种口味是通过不同的烹调方法最后确定的。特别是多味菜肴，必须分清味的主次，才能恰到好处地使用主、辅调料。

人们的口味往往随季节变化而有所差异，这也与机体代谢状况有关。例如在冬季，由于气候寒冷，因而喜食浓厚肥美的菜肴；炎热的夏季则嗜好清淡爽口的食物。

烹调时，在保持地方菜肴风味特点的前提下，还要注意就餐者的不同口味，做到因人制菜。所谓"食无定味，适口者珍"，就是对"因人制菜"的恰当概括。

原料好而调料不佳或调料投放不当，都将影响菜肴风味。优质调料还有一个含义，就是烹制什么地方的菜肴，就用什么地方的著名调料，这样才能使菜肴风味足、滋味浓。

烹调过程中的调味，一般可划分为三种：第一种，加热前调味；第二种，加热中调味；第三种，加热后调味。

01 加热前的调味又叫基础调味。目的是使原料在烹制之前就具有一个基本的味，同时减除某些原料的腥膻气味。一些不能在加热中启盖和调味的蒸、炖制菜肴，更是要在上笼入锅前调好味，如蒸鸡、蒸肉、蒸鱼、炖（隔水）鸭、罐焖肉、坛子肉等，它们的调味方法一般是：将兑好的汤汁或搅拌好的作料同蒸制原料一起放入器皿中，以便于加热过程中入味。

02 加热中的调味，也叫正式调味或定型调味。菜肴的口味正是由这一步来定型，所以是决定性调味阶段。
当原料下锅以后，在适宜的时机按照菜肴的烹调要求和食者的口味，加入或咸或甜，或酸或辣，或香或鲜的调味品。有些旺火急成的菜，须得事先把所需的调味品放在碗中调好，这叫做"预备调味"，也称为"对汁"，以便烹调时及时加入，不误火候。

03 加热后的调味又叫辅助调味。可增加菜肴的特定滋味。
有些菜肴，虽然在第一、二阶段中都进行了调味，但在色、香、味方面仍未达到应有的要求，因此需要在加热后最后定味，例如炸菜往往撒上椒盐或辣酱油等，蒸菜也有的要在上桌前另烧调汁，炝、拌的凉菜也需浇上兑好的三合油、姜醋汁、芥末糊等，这些都是加热后的调味，对增加菜肴的特定风味至关重要。

菜肴口感提升的秘诀

当你在烹调菜肴的时候，是否想过为什么别人炒的肉片总比你炒的嫩？炸鱼块为什么会给人外脆里酥、香鲜嫩的感觉？其实这一切与水有关。

菜梗饱满、叶片碧绿的青菜就鲜嫩适口，因其含水分多；鱼之所以比瘦肉嫩，是因为鱼含水分多。烹调也一样，菜炒得老嫩（尤其是荤菜），就看成熟后原料含水分多少，水分越多菜肴越嫩。

我们一般是采用"上浆"的方法来保存原料内部水分。"上浆"就是在片、丁、丝等细小的荤料外表包裹上一层由淀粉和鸡蛋调成的浆糊。将肉丝放到120℃左右的油锅里，迅速滑散，待肉丝变色，即可捞出待用。这样，淀粉受热凝结，隔断了肉丝内部水分流失的通道。

牛肉由于纤维组织比较粗糙，在上浆时可加苏打粉。苏打粉使牛肉的纤维组织膨松起来，用手反复抓匀，十几分钟后分多次加水，反复抓拌让水渗进牛肉内，再用淀粉包裹表面封住水的去路，入油中滑熟后，因牛肉片含有大量的水分，十分滑嫩适口。

菜肴含水分多就鲜嫩，脱去水分就香脆。根据这个道理，我们可以做出香脆和鲜嫩集于一体的菜肴来，炸鱼块、桂花肉等菜就是这样做的。先将鱼块或肉片裹上糊浆，因油炸时温度通常在150～180℃，所以淀粉浆衣就应该厚一点。裹上糊浆的原料入油锅后，表面受到高于100℃的温度，水分迅速气化，结成一层发脆的外壳，而内部的水分受糊壳保护未受损失，菜肴就变得外脆里嫩了。原料裹上糊浆，在减少内部水分流失的同时，各种营养成分也得到了保护。因此，既滑嫩又富有营养。

Chapter 2

这 100 道菜你都会做吗

如今人们越来越依赖网络，

即便只是想做几道菜肴，

也会想查看一下别人是怎么做的。

如果自己不会制作，那就更要咨询网络了。

本章这网络点击率极高的 100 道菜，

你都会做吗？

扫扫二维码
视频同步做美食

米饭一扫光

红烧茄子

难易度 ★★☆☆☆　烹饪方法：炒　分量：2人份

原料

茄子300克，红椒、青椒各15克，蒜末、葱白各少许

调料

盐3克，豆瓣酱10克，海鲜酱20克，鸡粉、老抽、水淀粉、食用油各适量

做法

1 将洗净的茄子去皮，切成6厘米长段，改切成条；青椒、红椒洗净去籽，切成圈。

2 热锅注油，烧至五成热，放入茄子，炸约2分钟，捞出。

3 锅留底油，倒入蒜末、葱白、红椒、青椒爆香。加入适量豆瓣酱，炒香。加入少许清水，倒入海鲜酱，拌匀，倒入炸好捞出的茄子。

4 加入少许盐、鸡粉、老抽拌匀，煮约1分钟至入味，加入少许水淀粉快速拌炒匀，盛出装盘即可。

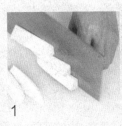
1

2

3

4

女人入得厨房必会的菜

糖醋排骨

难易度★★★☆☆　烹饪方法：炒　分量：2人份

原料

排骨500克，冰糖40克，大蒜3瓣，姜1块，熟白芝麻适量

调料

料酒、香醋、生抽、盐、食用油各适量

做法

1　把排骨洗净后用刀斩成段；姜、蒜均切片。

2　锅中注水烧开，放入排骨，加适量料酒煮去血水，捞出。

3　锅中放适量的油，放入冰糖开始炒糖色，开小火慢慢地炒，炒到糖完全融化至呈深褐色。

4　倒入排骨，炒到每块排骨都被糖包裹住，倒入生抽、香醋、姜片和蒜片，再倒入清水没过排骨。

5　把排骨转到砂锅里烧开后转小火盖上盖子，煲到汤汁还剩1/3时，加入适量的盐，中火收汁，盛在盘中，撒上熟白芝麻即可。

DISH 03

"浓妆艳抹"的诱惑

红烧排骨

难易度★★★☆☆ 烹饪方法：焖   分量：2人份

扫扫二维码
视频同步做美食

原料

排骨600克，姜片、蒜末、葱白各少许

调料

盐3克，鸡粉2克，味精、老抽、生抽、蚝油、料酒、食用油各适量

做法

1 将洗净的排骨斩成块，装入盘中。

2 锅中加适量清水，倒入排骨，盖上盖，大火煮沸，氽去血水，揭盖，捞出。

3 用油起锅，倒入葱白、姜片、蒜末爆香。倒入排骨炒匀，加入少许料酒、老抽、生抽、蚝油、炒匀，倒入适量清水。

4 加盐、味精、鸡粉，盖上盖，慢火焖15分钟。揭盖，大火煮约1分钟，汤汁略收后盛出装盘即成。

Tips

烹饪此菜要选用新鲜的草鱼。另外,
烹饪时加少许辣椒油,味道会更好。

这酸爽真够味

酸菜鱼

难易度★★★★★　烹饪方法：煮　分量：3 人份

原料

草鱼 500 克，酸菜 200 克，泡灯笼椒 60 克，泡小米椒、香菜、熟白芝麻、蛋清、姜片、蒜末、葱段各适量

调料

盐 3 克，胡椒粉 6 克，花椒、米醋、干淀粉、料酒、白糖、食用油各适量

做法

1　泡小米椒、酸菜切成段；治净的草鱼鱼骨斩段；鱼肉切片，加入盐、料酒、蛋清、干淀粉拌匀，腌渍 3 分钟。

2　锅注油，放入姜片爆香，放入鱼骨炒香，加入泡小米椒、葱段、酸菜炒香，注入 700 毫升清水煮沸。

3　放入泡灯笼椒煮 3 分钟，捞出食材，汤底留锅中。放入鱼片、盐、白糖、胡椒粉、米醋，续煮至鱼肉卷起，捞入碗中，加入蒜末、花椒、熟白芝麻。

4　另起锅注入少许油烧热，舀出浇入碗中，放入香菜即可。

1　　2　　3　　4

再辣也要吃过瘾

水煮鱼

难易度★★★★★　烹饪方法：煮　分量：2人份

扫扫二维码
视频同步做美食

原料

净草鱼850克，绿豆芽100克，干辣椒30克，蛋清10克，姜片、蒜末、葱段各少许

调料

花椒15克，豆瓣酱15克，盐、鸡粉各少许，料酒3毫升，干淀粉、食用油各适量

做法

1　备好的草鱼鱼骨切块，滑油2分钟；鱼肉斜刀切片，加入少许盐、蛋清、干淀粉，拌匀上浆，腌渍约10分钟。

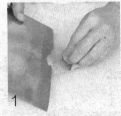

2　用油起锅，放入姜片、蒜末、葱段爆香，加入适量豆瓣酱炒出香辣味，倒入鱼骨炒匀。注入适量开水，用大火煮一会儿，加入少许鸡粉、料酒，倒入洗净的绿豆芽，拌匀，煮至断生，捞出绿豆芽和鱼骨，装入汤碗中。

3　锅中留汤汁煮沸，放入腌好的鱼肉片，煮至断生，盛出煮好的材料，连汤汁一起倒入汤碗中，待用。

4　另起锅，注入适量食用油烧热，放入备好的干辣椒、花椒拌匀，用中小火炸约1分钟，至其散出香辣味，盛入汤碗中即成。

Tips

鱼片煮的时间不宜太长，以免丢失鱼肉鲜嫩的口感。

酸甜纯香带鲜味

糖醋鲤鱼

难易度 ★★★☆☆　烹饪方法：炸　分量：2 人份

扫扫二维码
视频同步做美食

原料

鲤鱼 550 克，蒜末、葱丝各少许

调料

盐 2 克，白糖 6 克，白醋 10 毫升，番茄酱、水淀粉、
干淀粉、食用油各适量

做法

1　洗净的鲤鱼切上花刀，备用。

2　热锅注油，烧至五六成热，将鲤鱼裹上干淀粉，放到
　油锅中，用小火炸至两面熟透，捞出鲤鱼，沥干油，
　装入盘中，待用。

3　锅底留油，倒入蒜末，爆香。注入少许清水，加入盐、
　白醋、白糖，搅拌匀，加入番茄酱，拌匀。

4　倒入适量水淀粉，搅拌均匀，至汤汁浓稠，关火后盛
　出汤汁，浇在鱼身上，点缀上葱丝即可。

Tips

炸鱼时油温不宜过高，以免外焦内生。

一口下去香喷喷

红烧肉

难易度★★★☆☆ 烹饪方法：煮 分量：2人份

原料

五花肉350克，南乳30克，冰糖30克，姜片、葱段、葱花各少许，八角2个，桂皮5克

调料

鸡粉、盐各3克，老抽3毫升，水淀粉、料酒、生抽各5毫升，食用油适量

扫扫二维码
视频同步做美食

做法

1　洗净的五花肉切成小块。

2　沸水锅中倒入五花肉，氽煮片刻，去除血水，捞出。

3　锅中加油烧热，倒入桂皮、八角、葱段、姜片、爆香，倒入五花肉，炒匀，加入料酒、生抽、冰糖，翻炒至冰糖融化，注入250毫升的清水，倒入南乳炒匀，加入盐、老抽拌匀。

4　加盖，大火煮开后转小火煮1小时，揭盖，加入鸡粉、水淀粉拌匀至入味，盛盘，撒上葱花即可。

不败的家常菜

酸辣土豆丝

扫扫二维码
视频同步做美食

难易度★☆☆☆☆　烹饪方法：炒　分量：1人份

原料

土豆250克，干辣椒适量，葱花4克

调料

盐3克，鸡粉2克，白醋6毫升，食用油10毫升，芝麻油、白糖各少许

做法

1　去皮洗净的土豆切片，改刀切丝。

2　用油起锅，放入干辣椒，爆香，放入切好的土豆丝，翻炒约2分钟至断生。

3　加入盐、白糖、鸡粉，炒匀，淋入白醋，炒约1分钟至入味。

4　倒入少许芝麻油，炒匀。

5　关火后盛出炒好的土豆丝，装在盘中，撒上葱花即可。

夏日宵夜标配

麻辣小龙虾

难易度★★★☆☆　烹饪方法：焖　分量：2人份

扫扫二维码
视频同步做美食

原料

小龙虾500克，八角2个，香叶2片，花椒粒2克，白蔻5颗，桂皮、丁香各少许，干辣椒5克，葱段、香菜叶、姜片、蒜末各少许

调料

盐、鸡粉各3克，白酒、生抽各5毫升，豆瓣酱15克，白糖、老抽、食用油各适量

做法

1　往刷洗干净的小龙虾中注入清水，加入盐拌匀，浸泡30分钟，捞出待用。

2　热锅注入适量食用油烧热，倒入姜片、葱段爆香，倒入八角、桂皮、香叶、白蔻、丁香、花椒粒、干辣椒、蒜末，炒香。

3　倒入小龙虾、豆瓣酱炒匀，加入白酒，炒香，待其挥发，加入生抽，注入200毫升的清水，煮沸。

4　加入盐、白糖、老抽，拌匀入味，加盖，转小火焖10分钟，揭盖，加入鸡粉充分拌匀，收汁入味，盛入石锅中，撒上香菜叶即可。

Tips

小龙虾在翻炒前，还可以滑一下油，这样能使小龙虾的口感更鲜脆。

回锅肉

难易度★★☆☆☆　烹饪方法：炒　　分量：2人份

原料

熟五花肉300克，青椒60克，蒜末、姜片、葱段各少许

调料

盐、鸡粉各3克，老抽3毫升，老干妈豆豉酱30克，食用油适量

扫扫二维码
视频同步做美食

做法

1　洗净的青椒去柄，横刀对半切开，去籽，改切成小块。

2　五花肉洗净，改切成薄片。

3　热锅注油，倒入葱段、姜末、蒜末，炒香，倒入五花肉，炒至变色。

4　倒入老干妈豆豉酱、青椒，炒匀入味，加入盐、鸡粉、老抽，炒至入味。

5　关火后，将炒好的菜肴盛入盘中即可。

DISH 11

醇浓卤味之魂

酱牛肉

难易度★★★☆☆　烹饪方法：焖　分量：3人份

原料

牛腱子肉650克，小葱1捆，姜片10克，蒜瓣10克，香菜叶3克

调料

盐4克，白糖5克，料酒、生抽各5毫升，老抽4毫升，甜面酱25克，八角2个，丁香3克，花椒3克，茴香3克，香叶4片，草果7克，食用油适量

做法

1 洗净的牛腱子肉切四大块，氽烫约1分钟，去除腥味和脏污，捞出；小葱摘洗净。

2 用油起锅，放入姜片、蒜瓣、八角、丁香、花椒、茴香、香叶、草果，爆香。

3 注入约900毫升清水，放入牛腱子、小葱，加入甜面酱、料酒、生抽、老抽、盐、白糖搅匀，煮约2分钟至沸腾。

4 用小火焖2小时，取出装盘，稍稍放凉，切片，装盘，放上香菜叶即可。

呛辣重味好下饭

麻婆豆腐

难易度★★★☆☆　烹饪方法：炒　分量：2人份

原料

嫩豆腐500克，牛肉末70克，蒜末、葱花各少许

调料

食用油35毫升，豆瓣酱35克，盐、鸡粉、味精、辣椒油、花椒油、蚝油、老抽、水淀粉各适量

做法

1　将豆腐切成小块；锅中注水烧开，加入盐，倒入豆腐煮约1分钟至入味，捞出。

2　锅注油烧热，倒入蒜末炒香，倒入牛肉末炒约1分钟至变色，加入豆瓣酱炒香，注入200毫升清水。

3　加入蚝油、老抽拌匀，加入盐、鸡粉、味精炒至入味。

4　倒入豆腐，加入辣椒油、花椒油，轻轻翻动，改用小火煮约2分钟至入味，加入少许水淀粉勾芡，撒入葱花炒匀，盛入盘内即可。

DISH **13**

鱼香茄子

难易度 ★★★☆☆　烹饪方法：煮　分量：2人份

原料

茄子150克，肉末30克，姜片、葱白、蒜末、红椒末、葱花各少许

调料

豆瓣酱10克、盐、白糖各3克，味精、鸡粉各2克，陈醋、生抽、料酒、水淀粉、芝麻油、食用油各适量

扫扫二维码
视频同步做美食

做法

1　洗净的茄子切成小块，浸入清水中。

2　锅注油烧热，倒入茄子，炸约1分钟，捞出。

3　锅底留油，倒入姜片、葱白、蒜末、红椒末爆香。放入肉末，翻炒至变色，下入豆瓣酱，翻炒匀，淋入料酒炒匀，注入适量清水。

4　淋入少许陈醋、生抽，再加入白糖、味精、盐、鸡粉调味，倒入茄子，中火煮约1分钟。用大火收干汁，倒入适量水淀粉勾芡，再淋入少许芝麻油提香，盛入烧热的煲仔中，撒上葱花即成。

鸡翅也疯狂

红烧鸡翅

难易度★★★☆☆ 烹饪方法：焖 分量：2人份

原料

鸡翅150克，土豆200克，姜片、葱段、干辣椒各适量

调料

盐4克，白糖2克，料酒、蚝油、老抽、豆瓣酱、辣椒油、花椒油、食用油各适量

做法

1 在洗净的鸡翅上打上花刀，加盐、料酒、老抽抓匀，腌渍片刻；去皮洗净的土豆切块。

2 热锅注油，烧至五成热，倒入鸡翅略炸后捞出沥油；倒入土豆块，炸熟后捞出沥油。

3 锅底留油，放入干辣椒、姜片、葱段炒香，倒入豆瓣酱炒匀，加少许清水，放入鸡翅、土豆炒匀，加盖，焖煮约1分钟至熟。

4 放入盐、白糖煮片刻，加入蚝油炒匀，淋入辣椒油炒匀，加入少许花椒油炒匀，撒上葱段，盛出装盘即可。

勺子君，快到碗里来

鸡蛋羹

难易度 ★★☆☆☆　烹饪方法：蒸　分量：2 人份

原料

鸡蛋 3 个

调料

盐 2 克，鸡粉、黑胡椒粉各少许

做法

1　取一个蒸碗，打入鸡蛋，搅散，注入适量清水，边倒边搅拌。

2　再加入少许盐、鸡粉、黑胡椒粉，拌匀，调成蛋液，待用。

3　蒸锅上火烧开，放入蒸碗。

4　盖上锅盖，用中火蒸约 10 分钟，至食材熟透，揭盖，待热气散开，取出蒸好的鸡蛋羹，稍冷却后即可食用。

1

2

3

4

> **Tips**
>
> 注入的清水不宜太多，以免影响鸡蛋羹的口感。

排骨也不敢"单挑"

土豆烧排骨

难易度★★★☆☆　烹饪方法：炖　分量：2人份

原料

排骨255克，土豆135克，八角10克，葱段、姜片、香菜叶各少许

调料

料酒10毫升，盐2克，鸡粉2克，生抽4毫升，食用油适量

做法

1　洗净去皮的土豆切成块。

2　锅注水烧开，倒入排骨，汆去血水，捞出。

3　用油起锅，倒入葱段、姜片、八角，爆香。倒入备好的排骨，翻炒匀，淋上料酒，翻炒片刻，倒入土豆块。

4　淋入生抽，炒匀，加入适量的清水，大火煮开后转小火炖30分钟，加入盐、鸡粉，翻炒调味，盛出放上香菜叶即可。

文火慢炖出好味

土豆炖牛肉

难易度★★★☆☆　烹饪方法：炖　分量：2人份

原料

牛腩300克，土豆120克，胡萝卜50克，香叶、蒜末、欧芹叶各少许

调料

盐、白胡椒粉各3克，生抽5毫升，食用油适量

做法

1　洗净的牛腩切成块，焯2分钟；洗净去皮的土豆用挖球器挖成球状；洗净的胡萝卜切成丁。

2　锅中注入适量食用油烧热，倒入蒜末、香叶爆香，放入牛腩、土豆、胡萝卜，淋入生抽，注入适量清水，炖50分钟。

3　加入盐、白胡椒粉拌匀。

4　盛出，撒上洗净的欧芹叶即可。

扫扫二维码
视频同步做美食

Tips

鲜肥肠烹煮前先放入有葱段、姜片和料酒的冷水锅中煮熟，成品的口感会更佳。

脂肪是味美的源头

干锅肥肠

难易度 ★★★☆☆   烹饪方法：炒   分量：2 人份

原料

猪肥肠 180 克，四季豆 50 克，红椒 40 克，白菜叶 70 克，蒜末、姜片、葱段、干辣椒、八角、桂皮各适量

调料

盐 2 克，鸡粉 2 克，料酒 10 毫升，豆瓣酱 15 克，番茄酱 15 克，白糖、水淀粉、生抽、食用油各适量

做法

1 洗好的红椒切开，去籽，切成小块；洗净的四季豆切段；处理好的猪肥肠切成小块，待用。

2 用油起锅，放入姜片、蒜末、干辣椒、八角、桂皮，爆香。倒入四季豆、红椒，快速翻炒均匀。放入猪肥肠，加入适量豆瓣酱，翻炒均匀，淋入少许料酒、生抽、清水。

3 放入番茄酱、盐、鸡粉、白糖，快速炒匀调味，加入适量水淀粉炒匀，倒入白菜叶，翻炒片刻。

4 将炒好的菜肴盛入干锅即可。

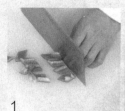

1   2   3   4

下酒美味端上桌

泡椒凤爪

难易度★★★☆☆　烹饪方法：泡　　分量：2人份

原料

鸡爪230克，红椒、朝天椒各15克，泡小米椒50克，泡椒水300毫升，姜片、葱节、紫甘蓝丝各适量

调料

料酒3毫升

做法

1　锅中注入适量清水烧开，倒入葱节、姜片，淋入料酒，放入洗净的鸡爪，拌匀。

2　盖上盖，用中火煮约10分钟，至鸡爪肉皮涨发，揭盖，捞出鸡爪，装盘待用。

3　放凉的鸡爪剁去爪尖；洗净的红椒切条。

4　把泡小米椒、朝天椒、红椒放入泡椒水中，放入鸡爪，用手稍稍按压一下，使其浸入水中，封上一层保鲜膜，静置约3小时，至其入味，夹入盘中，点缀上红椒、泡小米椒、紫甘蓝丝即可。

鲜辣香酥的下饭菜

宫保鸡丁

扫扫二维码
视频同步做美食

难易度★★★☆☆ 烹饪方法：炒 分量：2人份

原料

鸡胸肉250克，花生米30克，干辣椒30克，黄瓜60克，葱段少许，姜片少许，蒜末少许

调料

盐3克，鸡粉4克，白糖3克，干淀粉15克，陈醋4毫升，水淀粉4毫升，生抽5毫升，料酒8毫升，白胡椒粉2克，辣椒油、食用油各适量

做法

1 洗净的黄瓜、鸡胸肉切丁；鸡丁放入适量盐、鸡粉、白胡椒粉、料酒、干淀粉拌匀。

2 热锅注入适量食用油，烧至六成热，放入鸡丁，搅拌，倒入黄瓜滑油，捞出。

3 热锅注油烧热，倒入姜片、蒜末、干辣椒，爆香，放入鸡丁和黄瓜炒匀。淋入料酒、生抽翻炒匀。放入盐、鸡粉、白糖、陈醋、清水，炒匀，倒入水淀粉，翻炒收汁。

4 倒入葱段、花生米，炒匀，淋入辣椒油，翻炒匀，盛出装入盘中即可。

Tips

茄子在洗净切条后，放入淡盐水中浸泡，能泡出茄子的涩味，同时让茄子吸饱水分不吃油。

DISH 21

"香"濡以沫

豆角烧茄子

难易度★★☆☆☆　烹饪方法：炒　分量：1人份

原料

茄子160克，四季豆120克，肉末65克，青椒20克，红椒15克，姜末、蒜末、葱花各少许

调料

鸡粉2克，生抽3毫升，料酒3毫升，陈醋7毫升，水淀粉、豆瓣酱、食用油各适量

做法

1　将洗净的青椒、红椒、茄子切成条形，洗好的四季豆切成长段。

2　锅中加油烧热，倒入四季豆，炸1分钟，捞出；倒入茄子，炸至变软，捞出。

3　锅加水烧开，倒入茄子拌匀，去除多余油分，捞出。

4　用油起锅，倒入肉末炒匀，放入姜末、蒜末、豆瓣酱、青椒、红椒、清水、鸡粉、生抽、料酒，炒匀，倒入茄子、四季豆，炒匀，用中小火焖5分钟，加入陈醋、水淀粉、炒入味，盛出，撒上葱花即可。

DISH 22 南北通吃的一道经典菜

红烧牛肉

难易度★★★☆☆ 烹饪方法：焖 分量：3人份

原料

牛肉500克，胡萝卜50克，洋葱50克，青椒40克，草果5克，姜片5克，葱段5克，干山楂片5克

调料

番茄酱10克，豆瓣酱10克，鸡粉3克，白糖3克，盐2克，料酒7毫升，生抽5毫升，八角、香叶、香菜叶各少许，食用油适量

扫扫二维码
视频同步做美食

做法

1 处理好的牛肉切丁，氽煮至转变色；处理好的洋葱切成小块；洗净的青椒去籽，斜刀切成小块；洗净去皮的胡萝卜切成片。

2 热锅注油烧热，放入八角、香叶、草果、葱段、姜片爆香，倒入牛肉块、豆瓣酱、番茄酱、料酒、生抽，翻炒均匀，注入适量清水。

3 倒入山楂片，加入盐，煮开后转小火焖制1小时，放入洋葱、胡萝卜、青椒，炒匀，放入白糖、鸡粉，翻炒调味，大火收汁，盛出点缀上香菜叶即可。

DISH
23

西红柿炒鸡蛋

难易度★★☆☆☆　烹饪方法：炒　分量：2人份

原料

西红柿 200 克，鸡蛋 3 个，葱白、葱花各少许

调料

食用油 30 毫升，盐 3 克，鸡粉、白糖、番茄酱、芝麻油、水淀粉各少许

做法

1　将洗净的西红柿切成块；鸡蛋打入碗中，加入适量盐、鸡粉、水淀粉调匀。

2　锅注油烧热，倒入蛋液拌匀，炒至熟，盛出。

3　用油起锅，倒入葱白爆香，倒入西红柿炒约 1 分钟至熟。

4　加入盐、鸡粉、白糖、鸡蛋，翻炒匀，加入番茄酱炒匀入味。

5　加入芝麻油炒匀，盛入盘内，撒上葱花即可。

酥烂形不碎

东坡肉

难易度★★★★☆ 烹饪方法：焖 分量：3 人份

原料

五花肉 1000 克，大葱 30 克，生菜叶 20 克

调料

盐 2 克，冰糖、红糖、老抽、食用油各适量

做法

1 锅中注入适量清水，放入洗好的五花肉，盖上盖，煮约
2 分钟，揭盖，用竹签在五花肉上扎孔，盖上盖，再煮
约 1 分钟，余去血水，将五花肉捞出，抹上老抽上色。

2 热锅注油，烧至五成热，放入五花肉，盖上锅盖，炸片刻，
捞出，用刀将五花肉修整齐，切成长方形的小方块；
洗净的大葱切 3 厘米长的段。

3 锅底留油，加冰糖，倒入适量清水，放入少许红糖、老抽，
放入大葱，煮约 1 分钟至冰糖、红糖溶化，加盐，放
入切好的肉块，小火焖 30 分钟，揭盖，再烧煮约 4 分钟，
拌炒收汁。

4 将洗净的生菜叶垫于盘底，将东坡肉夹入盘中，浇上
少许汤汁即成。

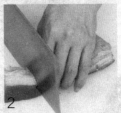

Tips

切五花肉时，将其切成厚度一致的肉
块，吃起来口感更佳。

扫扫二维码
视频同步做美食

Tips

切豆腐前，将豆腐放在淡盐水中浸泡一会儿，切时不容易碎。

滑嫩香酱烧入味

红烧豆腐

难易度 ★★☆☆☆　烹饪方法：炒　分量：2人份

原料

老豆腐300克，瘦肉丝40克，水发香菇30克，姜片、蒜片、葱段各少许

调料

盐3克，味精3克，白糖3克，鸡粉3克，老抽3毫升，料酒、水淀粉、蚝油、豆瓣酱、食用油各适量

做法

1 将豆腐切块，洗净的香菇切成丝。

2 热锅注油，烧至五成热，倒入豆腐，炸约2分钟至豆腐表面呈金黄色，捞出炸好的豆腐。

3 锅底留油，倒入姜片、蒜片、葱段、香菇、肉丝炒香，加料酒炒匀，加适量清水。加蚝油、盐、味精、白糖、鸡粉、豆瓣酱、老抽炒匀调味。

4 倒入豆腐煮约2分钟入味，加入水淀粉勾芡，再加少许熟油炒匀，盛出装盘即可。

酱料是关键

豆瓣鲫鱼

难易度★★★☆☆　烹饪方法：炸　分量：2人份

原料

鲫鱼300克，姜丝、蒜末、干辣椒段、葱段各少许

调料

豆瓣酱100克，盐2克，料酒、胡椒粉、干淀粉、芝麻油、味精、蚝油、食用油各适量

做法

1　在处理干净的鲫鱼两侧切上一字花刀，撒上味精、料酒、干淀粉抹匀，腌渍入味。

2　锅倒油烧热，放入鲫鱼炸至皮酥，捞出。

3　油锅烧热，倒入姜丝、蒜末、干辣椒炒香。放入豆瓣酱炒匀，注入适量清水，放入鲫鱼、盐、味精、蚝油调味，盖上锅盖，用小火煮至入味。将鲫鱼盛入盘中，留汤汁备用。

4　待汤汁烧热，撒上胡椒粉，放入葱段，淋入芝麻油，拌炒均匀，将汤汁浇在鱼身上即成。

微辣喷香家常味

干煸豆角

难易度★★☆☆☆　烹饪方法：炒　分量：2人份

原料

豆角300克，干辣椒3克，蒜末、葱
白各少许

调料

盐3克，味精2克，生抽、豆瓣酱、料酒、
食用油各适量

做法

1　将洗净的豆角切成段。

2　热锅注油，烧至四成热，倒入豆角，滑油1
　分钟后捞出。

3　锅底留油，倒入蒜末、葱白、洗好的干辣椒
　爆香。

4　倒入豆角，加盐、味精、生抽、豆瓣酱、料酒，
　翻炒约2分钟至入味。

5　起锅，将炒好的豆角盛入盘中即可。

味道最是鲜美

清蒸鲈鱼

难易度 ★★☆☆☆ 烹饪方法：蒸 分量：2 人份

原料

鲈鱼 1 条，胡萝卜 20 克，葱叶、葱白各 10 克，姜片 10 克，大蒜 10 克

调料

盐 2 克，料酒 6 毫升，蒸鱼豉油、食用油适量

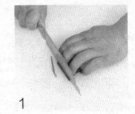

做法

1 处理好的大蒜切丝；姜片切成丝；葱白横刀对半切开，切丝；葱叶切成葱丝；洗净去皮的胡萝卜切成片。

2 处理好的鲈鱼两面划上一字花刀，装入盘中，撒上盐、料酒，抹匀腌渍 20 分钟，在鱼盘边缘摆上胡萝卜片，撒上葱白丝、姜丝，用保鲜膜将盘口包裹封好。

3 电蒸锅注水烧开，放入鲈鱼，盖上锅盖，调转旋钮定时蒸 6 分钟至熟，揭开锅盖，将鲈鱼取出，去除保鲜膜，拣去葱丝、姜丝，撒上备好的蒜丝、葱叶丝，待用。

4 热锅注入适量的食用油，烧至八成热，浇在鲈鱼身上，浇上蒸鱼豉油即可。

Tips

蒸鱼前可将姜丝塞进鱼腹内，会更好入味。

大海的味道

凉拌海带

难易度 ★★☆☆☆   烹饪方法：拌   分量：2人份

原料

海带 200 克，红椒 40 克，黄瓜 50 克，白菜梗 30 克，姜丝、蒜末各少许

调料

盐 10 克，白醋 15 毫升，味精 3 克，陈醋 3 毫升，生抽 3 毫升，食用油、辣椒油、芝麻油各适量

做法

1　将洗净的海带切片，洗净的红椒、黄瓜、白菜梗切成丝。

2　锅中加入清水烧开，加白醋、盐、食用油，倒入海带片煮约 2 分钟至熟，捞出。

3　将海带片盛入碗中，加准备好的蒜末、姜丝、红椒丝、黄瓜丝、白菜梗丝。

4　再加入味精、盐、生抽、陈醋、辣椒油、芝麻油拌匀。

5　将拌好的海带片装盘即可。

DISH 30

啤酒鸭

难易度 ★★☆☆☆   烹饪方法：煮   分量：2人份

扫扫二维码
视频同步做美食

原料

鸭肉块 250 克，啤酒 100 毫升，冰糖 50 克，豆瓣酱 40 克，姜片、葱花各少许

调料

生抽 6 毫升，盐 2 克，鸡粉 2 克，食用油适量

做法

1　锅中注清水烧开，倒入处理好的鸭肉块，汆煮去除血水，捞出，沥干水分，待用。

2　热锅注油烧热，倒入姜片爆香。倒入鸭肉块、冰糖，快速炒至冰糖溶化，放入豆瓣酱，翻炒片刻。

3　倒入啤酒，搅拌匀，淋入生抽，拌匀，盖上盖，大火煮开后转小火煮 10 分钟。

4　掀开盖，加入盐、鸡粉，翻炒调味，盛入碗中，撒上葱花即可。

PK 糖醋里脊，你爱哪种酸甜

锅包肉

难易度★★★☆☆　烹饪方法：炒　分量：2人份

原料

猪里脊肉 200 克，去皮胡萝卜 30 克，香菜、姜丝、
葱白丝各少许，蒜片适量

1

调料

盐 2 克，白糖 20 克，番茄酱 15 克，白醋 20 毫升，
马铃薯粉 90 克，食用油适量

2

做法

1　洗好的香菜切成段；洗净去皮的胡萝卜切成丝；处理
　干净的里脊肉切成片，用刀背拍松，装入碗中，倒水，
　加入马铃薯粉拌均匀，再淋上少许食用油拌匀。

3

2　用油起锅，烧至七成热，倒入肉片，搅拌匀，炸至金黄色，
　捞出，沥干油分。待油温升高，再放入复炸一遍，捞出，
　沥干油分，待用。

3　取一个碗，放入盐、白糖、番茄酱，再放入白醋，搅拌匀，
　制成调味汁，待用。

4

4　锅底留油，倒入蒜片、调味汁，炒匀。放入炸好的肉片，
　倒入胡萝卜片，翻炒香，再将葱白丝、姜丝倒入，快
　速翻炒香，盛出装入盘中，放上备好的香菜即可食用。

Tips

炸肉的时候注意油温，以免炸焦。

Tips

肉丝腌渍时已放过鸡粉，炒的时候可
不放。

传统老北京风味菜

京酱肉丝

难易度 ★★☆☆☆　烹饪方法：炒　分量：2人份

原料

黄瓜80克，肉丝90克，豆腐皮150克，葱白60克，
香菜段40克

调料

盐1克，鸡粉、白糖各2克，料酒3毫升，水淀粉5毫升，
甜面酱30克，食用油适量

做法

1　洗净的黄瓜、葱白切丝；洗净的豆腐皮切块；肉丝加
　　入盐、料酒、1克鸡粉、水淀粉拌匀，腌渍10分钟。

2　用油起锅，倒入肉丝，翻炒约1分钟至变色，倒入甜面酱。

3　注入少许清水，搅匀，加入1克鸡粉，放入白糖搅匀调味，
　　稍煮1分钟至入味，盛出京酱肉丝。

4　在切好的豆腐皮一端放上黄瓜丝、葱白丝、京酱肉丝、
　　洗净的香菜段，卷起豆腐皮，制成豆腐皮卷，切好装
　　盘即可。

DISH
33

味如其名

口水鸡

难易度★★★☆☆   烹饪方法：拌   分量：2人份

原料

公鸡 580 克，草果、砂仁各 2 克，八角、白芷、花椒粒各 3 克，白芝麻 4 克，辣椒碎 15 克，花生碎 20 克，葱花 5 克

调料

料酒 6 毫升，花椒粉、盐各 3 克，食用油适量

做法

1　备好的碗中放入辣椒碎、花生碎、白芝麻搅拌均匀，浇入烧热的食用油，制成油泼辣子。

2　汤锅中加水烧开，放入处理好的公鸡、草果、砂仁、八角、花椒粒、白芷，淋入料酒，加入盐，搅拌均匀，煮至沸腾，盖上盖，煮 8 分钟，捞出，放凉。

3　将做好的油泼辣子中加入花椒粉搅拌均匀。

4　将放凉的鸡肉切块，装入备好的盘中，倒入油泼辣子，撒上葱花即可。

酸甜香脆好滋味

糖醋里脊

难易度★★★☆☆ 烹饪方法：炒 分量：2人份

原料

里脊肉100克，青椒20克，红椒10克，鸡蛋2个，蒜末、葱段各少许

调料

盐3克，味精3克，白糖3克，干淀粉6克，白醋3毫升，番茄酱30克，酸梅酱、料酒、水淀粉、食用油各适量

做法

1 洗净的青椒、红椒切成小块；瘦肉洗净切成块，加盐、味精、料酒、蛋黄、适量干淀粉拌匀，取出分成块，装盘，撒上少许干淀粉。

2 番茄酱加白醋、白糖、盐、酸梅酱拌匀。

3 热锅注油，烧至五成熟，倒入肉块，炸约1分钟，捞出备用。

4 用油起锅，倒入蒜末、葱段、青椒、红椒炒香，倒入拌好的番茄酱炒匀，加水淀粉勾芡，倒入炸好的肉块，炒匀，加少许熟油炒匀，盛出装盘即可。

寓意"代代有余"

红烧带鱼

难易度★★☆☆☆　烹饪方法：焖　分量：2人份

原料

带鱼肉270克，姜末、葱花各少许

调料

盐2克，料酒9毫升，豆瓣酱10克，干淀粉、食用油各适量

做法

1 处理好的带鱼肉两面切上网格花刀，再切成块，放入碗中，加入适量盐、料酒，拌匀，撒上适量干淀粉，腌渍10分钟。

2 用油起锅，放入带鱼块，用小火煎出香味，翻转鱼块，煎至断生，盛出带鱼块，待用。

3 锅底留油烧热，倒入姜末爆香，放入豆瓣酱，炒出香味，注入适量清水，放入带鱼块。

4 加入适量料酒，盖上盖，煮开后用小火焖10分钟，关火后揭盖，盛出煮好的菜肴，摆入盘中，点缀上葱花即可。

1

2

3

4

Tips

腌渍带鱼时已经加盐，因此焖煮带鱼时不宜再放盐，以免菜的味道过咸。

黑得有腔调

凉拌木耳

难易度★☆☆☆☆   烹饪方法：拌   分量：1人份

原料

水发木耳120克，胡萝卜45克，香菜15克

调料

盐、鸡粉各2克，生抽5毫升，辣椒油7毫升

做法

1. 将洗净的香菜切长段；去皮洗净的胡萝卜切细丝，备用。

2. 锅中注入适量清水烧开，放入洗净的木耳拌匀，煮约2分钟，至其熟透后捞出，沥干水分，待用。

3. 取一个大碗，放入焯好的木耳，倒入胡萝卜丝、香菜段，加入少许盐、鸡粉。

4. 淋入适量生抽，倒入少许辣椒油，快速搅拌一会儿，至食材入味，盛入盘中即成。

时令鲜蔬一锅出

地三鲜

难易度★★☆☆☆　烹饪方法：炒　分量：1人份

原料

土豆100克，茄子100克，青椒15克，姜片、蒜末、葱白各少许

调料

盐3克，味精3克，白糖3克，蚝油、豆瓣酱、水淀粉、食用油各适量

做法

1　把洗净的青椒去籽，切成小块；洗净去皮的土豆切成块；洗净的茄子切成丁。

2　锅注油烧热，倒入土豆，炸约2分钟，捞出；倒入茄子，炸约1分钟至金黄色捞出。

3　锅底留油，倒入姜片、蒜末、葱白爆香，倒入土豆，加少许清水，加盐、味精、白糖、蚝油、豆瓣酱炒匀，中火煮片刻。

4　倒入茄子和青椒炒匀，加水淀粉勾芡，快速翻炒匀，盛出装盘即可。

Tips

牛肚入锅煮的时间不宜太久，可以待
锅中水煮沸后再下入锅中，就能保持
其脆嫩的口感。

DISH 38

毛血旺

难易度★★★★★　烹饪方法：煮　分量：2人份

原料

鸭血 450 克，牛肚 500 克，鳝鱼 100 克，水发黄花菜、水发木耳各 70 克，莴笋 50 克，火腿肠、豆芽各 45 克，红椒末、姜片、干辣椒段、葱段、葱花、高汤各适量

调料

花椒、料酒、豆瓣酱、盐、味精、白糖、辣椒油、花椒油、食用油各适量

做法

1　把洗净的牛肚切块；宰杀处理干净的鳝鱼切段；洗净的鸭血切块；去皮洗净的莴笋切片；火腿肠切片。

2　水烧热，倒入鳝鱼、料酒，汆去血渍，捞出；倒入牛肚煮熟，捞出；倒入鸭血煮熟，捞出。

3　油烧热，倒入红椒、姜片、葱段、豆瓣酱炒匀，注入高汤，加盐、味精、白糖、料酒、黄花菜、木耳、豆芽、火腿肠、莴笋煮熟，装碗；倒入牛肚、鳝鱼、鸭血煮熟，装碗。

4　另起锅，将辣椒油、花椒油、干辣椒段、花椒炒香，倒在碗中，撒上葱花即可。

1　　2　　3　　4

简易上手的河鲜

辣炒蛤蜊

难易度★★☆☆☆　　烹饪方法：炒　　分量：2人份

原料

蛤蜊600克，干辣椒15克，姜末、蒜末、葱白、葱花各少许

调料

盐3克，白糖2克，料酒、鸡粉、水淀粉、食用油各适量

做法

1　干辣椒切段。

2　锅中倒入适量清水，大火烧开，倒入洗净的蛤蜊，煮约2分钟至蛤蜊壳打开，捞出。

3　用油起锅，倒入姜末、蒜末、葱白、干辣椒，爆香，倒入蛤蜊，淋入少许料酒炒香。

4　加入鸡粉、盐、白糖，炒匀调味，加入少许清水，大火煮至入味，倒入水淀粉勾芡，盛出，撒上葱花即可。

营养丰富且均衡

木须肉

难易度★★★★☆   烹饪方法：炒   分量：2人份

原料

猪瘦肉 200 克，胡萝卜 120 克，黄瓜 100 克，鸡蛋 100 克，干木耳 25 克，葱段 15 克，姜片 10 克，蒜片 5 克

调料

盐 3 克，白糖 4 克，味精 2 克，鸡精少许，陈醋 5 毫升，生抽 6 毫升，水淀粉、芝麻油、食用油各适量

做法

1　洗净的瘦肉、黄瓜、胡萝卜切片；泡发洗净的木耳切小块。

2　鸡蛋打入碗中，取出少许蛋清备用，再搅散，炒熟；肉片加入少许盐、白糖、蛋清、水淀粉拌匀上浆，再注入食用油，静置约 10 分钟。

3　取一碟，放入适量水淀粉、盐、白糖、味精、鸡精、陈醋、生抽、芝麻油拌匀，制成味汁。

4　锅注油，放入葱段、蒜片、姜片煸香，放入肉片炒至熟透，放入木耳、胡萝卜、黄瓜，炒软，倒入鸡蛋炒匀，注入味汁炒匀即成。

扫扫二维码
视频同步做美食

Tips

粉丝入锅后要不停地翻炒，以免粘连在一块儿。

粉丝吸满浓浓汤汁

蚂蚁上树

难易度★★☆☆☆　时间：2分钟　分量：2人份

原料

肉末200克，水发粉丝300克，朝天椒末、蒜末、葱花各少许

调料

料酒10毫升，豆瓣酱15克，生抽8毫升，陈醋8毫升，盐2克，鸡粉2克，食用油适量

做法

1　洗好的粉丝切段，备用。

2　用油起锅，倒入肉末，翻炒松散，至其变色，淋入适量料酒，炒匀提味。

3　放入蒜末、葱花，炒香，加入豆瓣酱，倒入生抽，略炒片刻，放入粉丝段，翻炒均匀。

4　加入适量陈醋、盐、鸡粉，炒匀调味，放入朝天椒末、葱花，炒匀，盛出炒好的食材，装入盘中即可。

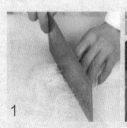

1　　2　　3　　4

鸡翅也爱喝可乐

可乐鸡翅

难易度 ★☆☆☆☆   烹饪方法：煮   分量：2人份

原料

鸡翅中4个，可乐200毫升，姜片、姜末各少许

调料

生抽3毫升

做法

1 洗净的鸡翅中两面切开两道小口子，装入碗中，加入生抽、姜末拌匀，腌渍90分钟至入味。

2 取出电饭锅，倒入腌渍好的鸡翅中，倒入可乐，放入姜片。

3 盖上盖子，按下"功能"键，选定"蒸煮"功能，煮45分钟至鸡翅中熟软入味。

4 打开盖子，将煮好的鸡翅中装盘即可。

清淡又鲜美

扫扫二维码
视频同步做美食

盐水虾

难易度★★☆☆☆　烹饪方法：煮　分量：2人份

原料

基围虾 170 克，姜末、姜片、葱段、冰块各适量

调料

盐 4 克，生抽 5 毫升，料酒 10 毫升，八角、桂皮、花椒各少许

做法

1　锅中注水烧热，倒入八角、桂皮和花椒，放入姜片和葱段，加入盐、料酒，拌匀成盐水。

2　取一些盐水装碗，放入冰箱冷藏，待用。

3　将剩余盐水煮开后放入处理干净的基围虾，氽烫约 90 秒至熟，捞出，放入冷藏好的盐水碗中，加入冰块降温。

4　将生抽加入姜末中，制成蘸料。

5　将已降温的盐水虾装盘，食用时蘸取蘸料即可。

佳偶天成味白香

香菇油菜

难易度★★★☆☆　烹饪方法：炒　分量：2人份

原料

香菇 200 克，油菜 3 棵，蒜末少许

调料

白糖 5 克，盐 2 克，生抽、水淀粉、蚝油、食用油各适量

做法

1 洗净的香菇切成片；洗净的油菜去根，把菜叶分开。

2 锅中注入适量清水烧开，倒入油菜，焯至断生，捞出，摆盘。

3 锅中注入适量食用油烧热，倒入蒜末爆香。

4 再放香菇炒片刻，倒入蚝油、白糖、生抽、盐炒入味，淋入适量水淀粉勾芡，盛出，摆入盘中即可。

1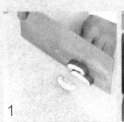

汤鲜菜甜好清爽

上汤娃娃菜

难易度★★★☆☆　　烹饪方法：煮　　分量：2人份

原料

娃娃菜300克，皮蛋50克，火腿20克，胡萝卜10克，葱末、姜末各5克，蒜末10克

调料

盐3克，鸡粉2克，浓汤宝15克，胡椒粉5克，芝麻油5毫升，水淀粉10毫升，食用油适量

做法

1　娃娃菜洗净，顺刀切成瓣；去皮的皮蛋切成丁；火腿切成丁；洗净去皮的胡萝卜切成丁。

2　锅注水烧开，放入娃娃菜焯至断生，捞出，码入盘中。

3　热锅注油，放入葱末、姜末、蒜末爆香，注入适量清水，放入浓汤宝煮至溶化，放入皮蛋丁、火腿丁、胡萝卜丁煮至熟透。

4　加入盐、鸡粉、胡椒粉拌匀调味，用水淀粉勾成浓汁，淋入少许芝麻油拌匀，浇在码好的娃娃菜上即可。

清清爽爽味也好

蒜蓉西蓝花

难易度 ★★☆☆☆　　烹饪方法：炒　　分量：2人份

原料

西蓝花250克，胡萝卜30克，蒜末少许

调料

盐3克，鸡粉2克，蚝油、水淀粉、食用油各适量

做法

1　洗净的西蓝花切成小朵；洗净去皮的胡萝卜打上花刀，切蝴蝶片。

2　锅中注水烧开，淋入适量食用油，加入少许盐，放入西蓝花、胡萝卜焯至断生，捞出。

3　另起锅，注油烧热，倒入蒜末爆香，放入西蓝花、胡萝卜炒匀，加入盐、鸡粉、蚝油炒匀调味，淋入适量水淀粉勾芡。

4　将炒好的菜肴盛入盘中，摆好即可。

火辣辣开场

水煮肉片

难易度★★★☆☆　烹饪方法：炒　分量：2人份

扫扫二维码
视频同步做美食

原料

瘦肉200克，生菜50克，灯笼泡椒20克，生姜、大
蒜各15克，葱花少许

调料

盐6克，水淀粉20毫升，味精3克，小苏打3克，
豆瓣酱20克，陈醋15毫升，鸡粉3克，食用油、辣
椒油、花椒油、花椒粉各适量

做法

1　洗净的生姜拍碎，剁成末；洗净去皮的大蒜切片；灯
　　笼泡椒切开，剁碎；洗净的瘦肉切薄片，加少许小苏打、
　　盐、味精拌匀，加水淀粉拌匀，加少许油，腌渍10分钟。

2　热锅注油，烧至五成热，倒入肉片，滑油至变色即可
　　捞出。

3　锅底留油，倒入蒜片、姜末、灯笼泡椒碎、豆瓣酱爆香，
　　倒入肉片，加约200毫升清水，加辣椒油、花椒油炒匀，
　　加盐、味精、鸡粉炒匀调味，加水淀粉勾芡，加陈醋炒匀。

4　洗净的生菜叶垫于盘底，盛入煮好的肉片，撒上葱花、
　　花椒粉；锅中加少许食用油，烧至七成热，将热油浇
　　在肉片上即可。

Tips

豆瓣酱一定要炒出红油，否则会影响
成菜的外观和口感。

舌尖上的"苦乐年华"

苦瓜炒蛋

难易度★☆☆☆☆　　烹饪方法：炒　　分量：2人份

原料

苦瓜350克，红椒片10克，葱白7克，鸡蛋2个

调料

盐、白糖各适量

做法

1　苦瓜洗净，切片；鸡蛋打入碗内，加少许盐打散。

2　用油起锅，倒入蛋液拌匀，鸡蛋炒熟盛出。

3　起油锅，倒入苦瓜、红椒片、葱白翻炒至熟。

4　加盐、白糖调味，倒入鸡蛋翻炒匀，出锅盛盘即可。

贴秋膘的开胃菜

粉蒸牛肉

难易度★★★☆☆   烹饪方法：蒸   分量：2人份

原料

牛肉300克，蒸肉米粉100克，蒜末、红椒、葱花各少许

调料

盐、鸡粉各适量，料酒5毫升，生抽4毫升，蚝油4克，水淀粉5毫升，食用油适量

做法

1 处理好的牛肉切成片，加入盐、鸡粉、少许料酒、生抽、蚝油、水淀粉，搅拌匀，加入适量的蒸肉米粉，搅拌片刻。

2 取一个蒸盘，将拌好的牛肉装入盘中。

3 蒸锅上火烧开，放入牛肉，盖上锅盖，大火蒸20分钟至熟透，取出。

4 将蒸好的牛肉装入另一盘中，放上蒜末、红椒、葱花。

5 锅中注油，烧至六成热，浇在牛肉上即可。

Tips

炸鸡腿肉时可多搅拌一下，受热会更
均匀。

辣子鸡

难易度★★★☆☆　　烹饪方法：炒　　分量：2人份

原料

鸡腿肉300克，干辣椒200克，白芝麻5克，葱段少许，姜片少许

调料

盐3克，鸡粉4克，料酒4毫升，花椒5克，生抽5毫升，食用油适量

做法

1　洗净的鸡腿肉中加入适量盐、鸡粉，淋入料酒、生抽，拌匀，腌渍10分钟。

2　锅注油烧热，放入鸡腿肉，炸至变色，捞出。转大火将油加热至八成热，再放入鸡腿肉，复炸至酥脆，捞出。

3　热锅注油烧热，倒入花椒、葱段、姜片、干辣椒、白芝麻，炒香。

4　放入炸好的鸡腿肉，快速翻炒片刻，加入盐、鸡粉，翻炒调味，盛出装入盘中即可。

1

2

3

4

防寒温补首选

葱爆羊肉片

难易度★☆☆☆☆   烹饪方法：炒   分量：3人份

原料

羊肉600克，大葱50克，红椒15克

调料

鸡粉2克，盐2克，料酒5毫升，食用油适量

做法

1 处理好的大葱切成段；洗净的红椒切开，去籽，切成块。

2 处理好的羊肉切成薄片，待用。

3 热锅注油烧热，倒入羊肉，炒至变色。

4 倒入大葱、红椒，快速翻炒匀。

5 淋入料酒，翻炒提鲜，加入鸡粉、盐，翻炒调味。

6 关火后将炒好的羊肉盛出装入盘中即可。

咸香软糯，肥而不腻

梅菜扣肉

难易度★★★★★　烹饪方法：蒸　分量：2 人份

原料

带皮五花肉 500 克，梅干菜 200 克，
葱段 20 克，姜片 10 克

调料

南乳、腐乳各 30 克，冰糖 20 克，生抽、
老抽 15 毫升，料酒 15 毫升，盐、蚝油、
食用油、桂皮、八角各适量

做法

1　锅注水烧热，放姜片、葱段、五花肉、适量
　　料酒，煮开后转小火煮 20 分钟，捞出，抹
　　上适量生抽，入油锅，炸至上色，捞出，切片。

2　起油锅，放姜片、桂皮、八角爆香，放入南乳、
　　腐乳、肉片炒匀，放入生抽、老抽、蚝油炒匀。

3　将肉片铺在碗底，锅留汤汁待用。肉片上铺
　　上梅干菜，再移入蒸锅中，蒸约 1 小时。

4　将原锅中的汤汁煮沸，加入冰糖煮至溶化；
　　将蒸好的梅菜扣肉倒在盘中，再淋上煮沸的
　　汤汁即可。

Tips

可在菜肴中加入花椒粒，味道更佳。

DISH 53

不用刀切的酸辣味

手撕包菜

难易度 ★☆☆☆☆　　烹饪方法：炒　　分量：2 人份

原料

包菜 300 克，蒜末 15 克，干辣椒少许

调料

盐 3 克，鸡粉 2 克，白醋、食用油各适量

做法

1　将洗净的包菜去芯，菜叶撕成片。

2　炒锅置旺火上，注入食用油，烧热后倒入蒜末、洗好的干辣椒，爆香。

3　倒入包菜，翻炒均匀，淋入少许清水、白醋，继续炒 1 分钟至熟软。

4　加入盐、鸡粉，炒匀调味，盛入盘中即成。

DISH 54

酸甜鲜香好美味

糖醋带鱼

难易度★★★☆☆　　烹饪方法：炸　　分量：2 人份

扫扫二维码
视频同步做美食

原料

带鱼 200 克，鸡蛋黄 30 克，青椒、红椒各 15 克，大蒜 10 克，葱 10 克

调料

番茄酱 15 克，盐 2 克，味精 2 克，白糖 6 克，料酒 8 毫升，白醋、干淀粉、水淀粉、芝麻油、食用油各适量

做法

1　处理干净的带鱼切段；洗净的青椒、红椒去籽，切菱形片；去皮的大蒜切成末；择洗干净的葱切段；取一碗，放入白醋、白糖、番茄酱、盐，拌匀，调成糖醋汁。

2　带鱼加入少许盐、味精、料酒拌匀，打入蛋黄，撒上适量干淀粉拌匀上浆，静置约 10 分钟。

3　锅注油烧热，倒入带鱼段炸至散出焦香味，翻转带鱼段，用中小火炸至两面断生，再倒入青椒片、红椒片，再炸一小会儿，至食材熟透，盛出。

4　锅留油烧热，放入蒜末、葱段爆香，注入少许清水。倒入糖醋汁煮沸，淋入少许水淀粉、芝麻油炒匀，倒入炸过的食材炒匀，盛出锅中的菜肴，装在盘中即可。

Tips

炸带鱼时，可将油温烧得更热一些，这样带鱼的口感会更焦脆。

DISH
55

好菜在农家

农家小炒肉

难易度★★☆☆☆　　烹饪方法：炒　　分量：2人份

原料

五花肉150克，青椒60克，红椒15克，青蒜10克，姜片、蒜末、葱段各少许

调料

盐3克，味精2克，豆瓣酱、豆豉、老抽、水淀粉、料酒、食用油各适量

做法

1　洗净的青椒、红椒切成圈；洗净的青蒜切2厘米长的段；洗净的五花肉切成片。

2　用油起锅，倒入豆豉、姜片、蒜末、葱段，炒约1分钟。

3　倒入五花肉，炒约1分钟至出油，加入少许老抽、料酒，炒香，加入适量豆瓣酱，翻炒匀，倒入青椒、红椒、青蒜，炒匀，加入盐、味精，炒匀调味。

4　加入少许水淀粉，用锅铲拌炒均匀，盛出装盘即成。

深海里游出来的美味

酱爆鱿鱼

难易度★★☆☆☆   烹饪方法：炒   分量：2人份

原料

鱿鱼300克，西蓝花150克，甜椒20克，圆椒10克，葱段5克，姜末10克，蒜末10克，西红柿30克，干辣椒5克

调料

盐2克，白糖3克，蚝油5克，水淀粉4毫升，黑胡椒、芝麻油、食用油各适量

做法

1　处理干净的鱿鱼上切上网格花刀，切成块。

2　锅注水烧开，倒入鱿鱼，氽煮至卷起，捞出。

3　热锅注油烧热，倒入干辣椒、姜末、蒜末、葱段，爆香，倒入备好的甜椒、圆椒、西蓝花，注入适量的清水拌匀，略炒，倒入鱿鱼。

4　加入少许盐、白糖、蚝油，翻炒均匀，倒入切好的西红柿，搅拌均匀，加入少许水淀粉、黑胡椒、芝麻油，搅匀提味，将炒好的菜肴盛出装入盘中即可。

什锦豆腐煲

难易度★★★★☆　烹饪方法：煮　分量：4人份

原料

豆腐500克，虾、龙利鱼、鲜牡蛎各100克，香菇、水发干贝、水发虾米、青蒜、蒜头、姜片、高汤各适量

调料

盐4克，生抽15毫升，料酒5毫升，鸡粉2克，胡椒粉3克，蚝油10克，食用油适量

做法

1　豆腐切块；洗净的虾去头、去壳，挑去虾线；处理好的龙利鱼切块；洗净的香菇切十字花刀；洗净的青蒜切段。

2　锅中注入适量清水烧开，倒入豆腐，焯1分钟，捞出。

3　砂煲注油烧热，放入姜片、蒜头、青蒜爆香，倒入干贝、香菇、虾米炒香，注入适量高汤。放入虾、龙利鱼、牡蛎、豆腐，淋入料油、生抽，加入蚝油、盐拌匀。

4　盖上盖，中火煲20分钟，揭盖，加入鸡粉、胡椒粉拌匀调味即成。

1　2　3　4

春日里的养生菜

韭菜炒鸡蛋

难易度 ★☆☆☆☆　　烹饪方法：炒　　分量：2人份

原料

韭菜120克，鸡蛋2个

调料

盐2克，鸡粉1克，食用油适量

做法

1　将洗净的韭菜切成约3厘米长的段；鸡蛋打入碗中，加入少许盐、鸡粉搅散。

2　炒锅热油，倒入蛋液炒至熟，盛出炒好的鸡蛋备用。

3　油锅烧热，倒入韭菜翻炒半分钟，加入盐、鸡粉炒匀至韭菜熟透。

4　再倒入炒好的鸡蛋翻炒均匀，将炒好的韭菜鸡蛋盛入盘中即成。

DISH 59

一股森林的幽香

扫扫二维码
视频同步做美食

松仁玉米

难易度★★★☆☆　　烹饪方法：炒　　分量：2人份

原料

玉米70克，松仁20克，黄瓜70克，胡萝卜50克，牛奶30毫升

调料

盐2克，白糖3克，水淀粉4毫升，食用油适量

做法

1　洗净的黄瓜切丁；洗净去皮的胡萝卜切丁。

2　锅中注水烧开，倒入胡萝卜、玉米煮沸，再加入黄瓜，余煮至断生，捞出。

3　热锅注油烧热，倒入余煮好的食材，翻炒，倒入牛奶，加入盐、白糖，翻炒调味，加入适量的水淀粉，快速翻炒收汁，装入盘中。

4　用油起锅烧热，倒入松仁，翻炒香，浇在玉米上即可。

DISH 60

锅塌豆腐

难易度★★★☆☆　烹饪方法：煎　分量：2人份

原料

豆腐300克，鸡蛋1个，葱花、姜末、生菜叶、高汤
各少许

调料

料酒5毫升，盐2克，生抽、干淀粉、食用油各适量

做法

1 将洗净的豆腐切厚片，再切成块；鸡蛋打入碗中，搅散。

2 锅中注水烧开，加入少许盐，放入豆腐块，煮2分钟捞出。
　将豆腐蘸上蛋液，再滚上一层干淀粉，备用。

3 煎锅中注入适量食用油烧热，倒入豆腐块，用小火煎
　出焦香味，翻转豆腐块，用小火再煎一会儿，取出。

4 另起锅，注油烧热，倒入姜末爆香，淋入料酒、高汤，
　加入盐、生抽、豆腐，稍煮片刻，盛入垫上生菜叶的盘中，
　撒上葱花即成。

1 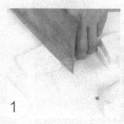　2 　3 　4

香浓软糯好入味

红烧土豆

难易度★★★☆☆ 烹饪方法：焖　　分量：2人份

原料

去皮小土豆300克，豆瓣酱20克，八角1个，葱白、
葱花、姜片各少许

调料

盐1克，白糖、鸡粉各2克，生抽5毫升，水淀粉、
食用油各适量

做法

1　热锅注油，放上八角、姜片、葱白，爆香。

2　倒入豆瓣酱，炒匀，加入生抽，注入适量清水，放入
　　洗好的小土豆。

3　加入盐，放入白糖，拌匀，加盖，用中火焖30分钟至
　　熟软入味。

4　揭盖，加入鸡粉，拌匀，用水淀粉勾芡，翻炒至收汁，
　　关火后盛出焖好的小土豆，装盘，撒上葱花点缀即可。

Tips

小土豆可切成大块，口感会比较好。

DISH
62

鱼香肉丝

难易度★★★☆☆ 烹饪方法：炒 分量：2人份

原料

瘦肉200克，胡萝卜60克，冬笋
120克，水发黑木耳30克，姜末、
葱段、蒜末各少许

调料

盐3克，鸡粉4克，白糖3克，陈醋
4毫升，料酒8毫升，豆瓣酱20克，
生抽5毫升，水淀粉6毫升，食用油、
白胡椒粉各适量

扫扫二维码
视频同步做美食

做法

1 洗净去皮的冬笋、胡萝卜切丝，泡好的黑木
耳切碎。处理好的瘦肉切丝，加入盐、鸡粉、
白胡椒粉、料酒、水淀粉拌匀，腌渍3分钟。

2 锅注油烧热，放入肉丝拌匀，放入冬笋搅拌
片刻。将食材滑油，捞出，沥干油分。

3 锅注油烧热，倒入葱段、姜末、蒜末、豆瓣
酱爆香，放入胡萝卜丝、黑木耳，快速翻炒
片刻，倒入滑过油的食材，炒匀，加入料酒、
生抽、盐、鸡粉、白糖、陈醋，翻炒调味，
淋入水淀粉，快速翻炒收汁，装入盘中即可。

DISH
63

辣椒炒鸡蛋

难易度★★☆☆☆　烹饪方法：炒　分量：2人份

原料

青椒50克，鸡蛋2个，红椒圈、蒜末、葱白各少许

调料

食用油30毫升，盐3克，鸡粉3克，味精少许

做法

1　青椒洗净，摘掉蒂，对半切开，切成块。

2　鸡蛋打入碗中，加入少许盐、鸡粉调匀。

3　热锅注油烧热，倒入蛋液拌匀，翻炒熟，盛出备用。

4　用油起锅，倒入蒜、葱、青椒、红椒圈炒匀，加入盐、味精调至入味。

5　倒入鸡蛋快速翻炒匀，盛入盘内即可。

Tips

豆腐切好后,可放入沸水锅中焯煮,同时加入少许盐,可以去除豆腐所含的涩味,还能增加豆腐的滑嫩口感。

一清二白

小葱拌豆腐

难易度★★☆☆☆　烹饪方法：拌　分量：2人份

原料

豆腐300克，小葱30克

调料

盐2克，鸡粉3克，芝麻油4毫升

做法

1　将豆腐横刀切开，切成条，再切成小块；洗净的小葱切粒。

2　将豆腐倒入碗中，注入适量热水，搅拌片刻，烫去豆腥味，滤净水分，将豆腐倒出，装入碗中。

3　倒入葱花，加入盐、鸡粉、芝麻油，用筷子轻轻搅拌均匀。

4　取一盘子，装入拌好的豆腐即可。

豆腐也爱重口蛋

皮蛋豆腐

难易度★☆☆☆☆   烹饪方法：拌   分量：2人份

原料

皮蛋2个，豆腐200克，蒜末、葱花各少许

调料

盐、鸡粉各2克，陈醋3毫升，红油6毫升，生抽3毫升

扫扫二维码
视频同步做美食

做法

1 洗好的豆腐切成厚片，再切成条，改切成小块。

2 去皮的皮蛋切成瓣，摆入盘中，备用。

3 取一个碗，倒入蒜末，加入少许盐、鸡粉、生抽。

4 再淋入少许陈醋、红油，调匀，制成味汁。

5 将切好的豆腐放在皮蛋上，浇上调好的味汁，撒上葱花即可。

DISH 66

扫扫二维码
视频同步做美食

拔丝苹果

难易度★★★☆☆　烹饪方法：炸　分量：2 人份

原料

去皮苹果 2 个，高筋面粉 90 克，泡打粉 60 克，熟白芝麻 20 克

调料

白糖 40 克，食用油适量

做法

1　洗净的苹果切开，去籽，切块。

2　取一碗，倒入部分高筋面粉、泡打粉，注入适量清水搅拌均匀，制成面糊；取一盘，放入苹果块，撒上剩余的高筋面粉，混合均匀。

3　将苹果块倒入面糊中，用筷子搅拌均匀，使其充分混合，油炸约 3 分钟至金黄色。

4　锅底留油，加入白糖，边搅拌边加热约 2 分钟至白糖溶化，倒入苹果块，炒匀，盛出，装入盘中，撒上熟白芝麻即可。

DISH 67

水果入菜味更美

咕噜肉

难易度★★★☆☆ 烹饪方法：炒 分量：2 人份

扫扫二维码
视频同步做美食

原料

菠萝肉 150 克，五花肉 200 克，鸡蛋 1 个，青椒、红椒各 15 克，葱白少许

调料

盐 3 克，白糖 12 克，干淀粉 3 克，番茄酱 20 克，白醋 10 毫升，食用油适量

做法

1 洗净的红椒、青椒切开，去籽，切成片；菠萝肉切成块；洗净的五花肉切成块；鸡蛋去蛋清，取蛋黄，盛入碗中。

2 锅中加水烧开，倒入五花肉，余至变色，捞出，加白糖拌匀，加少许盐，倒入蛋黄，搅拌均匀，加干淀粉裹匀，分块夹出装盘。

3 热锅注油，烧至六成热，放入五花肉，翻动几下，炸约 2 分钟至熟透，捞出。

4 用油起锅，倒入葱白爆香，倒入青椒片、红椒片炒香，倒入菠萝炒匀，加入白糖炒至溶化，再加入番茄酱炒匀，最后倒入五花肉炒匀，加入白醋，拌炒至入味，盛出装盘即可。

1

2

3

4

Tips

倒入炸好的五花肉拌炒时速度要快，以免肉的酥脆感消失。

辣拌土豆丝

难易度★☆☆☆☆   烹饪方法：拌   分量：2人份

原料

土豆200克，青椒20克，红椒15克，蒜末少许

调料

盐2克，味精、辣椒油、芝麻油、食用油各适量

做法

1 去皮洗净的土豆切成片，改切成丝；洗净的青椒切开去籽，切成丝；洗好的红椒切段，切开去籽，切成丝。

2 锅中注水烧开，加少许食用油、盐，倒入土豆丝，略煮。

3 倒入青椒丝和红椒丝，煮约2分钟至熟，把煮好的材料捞出，装入碗中。

4 在碗中加入盐、味精、辣椒油、芝麻油，用筷子充分搅拌均匀，盛入盘中，撒上蒜末即成。

1   2   3   4

感情深一锅焖

土豆炖鸡块

难易度★★★☆☆   烹饪方法：炖   分量：2人份

原料

土豆300克，净鸡肉200克，姜片、葱花、蒜末各少许

调料

盐4克，鸡粉3克，老抽3毫升，料酒、生抽、水淀粉、食用油各适量

扫扫二维码
视频同步做美食

做法

1　把去皮洗净的土豆切成厚片，再切成条，改切成丁；洗好的鸡肉斩成块，加入少许盐、鸡粉、料酒、生抽、水淀粉，抓匀，注入少许食用油，腌渍10分钟至入味。

2　锅注油烧热，倒入土豆块，炸约2分钟，捞出。

3　锅中倒油烧热，下入姜片、蒜末爆香，放入鸡肉块炒变色，淋入生抽、料酒、清水，倒入土豆块，加入适量盐、鸡粉、老抽炒匀，煮沸后用小火炖约5分钟。

4　用大火收汁，盛入盘中，撒上少许葱花即可。

素面朝天也动人

萝卜素丸子

难易度★★★☆☆ 烹饪方法：炸 分量：2人份

原料

白萝卜400克，鸡蛋1个，面粉150克，
葱花少许

调料

盐3克，食用油适量

做法

1　洗净的白萝卜去皮，擦成细丝，挤去水分，
　　放入容器中。

2　把鸡蛋打入碗中，倒入面粉、盐搅拌均匀，
　　制成黏稠的面糊。

3　将白萝卜倒入面糊中，搅拌均匀。

4　锅中注入适量食用油烧热，将萝卜面糊挤成
　　丸子，放入油锅中，用中火炸至萝卜丸子表
　　面呈金黄，捞出，沥干油。

5　将丸子盛入碗中，撒上葱花即可。

拉不断的甜蜜丝

拔丝红薯

难易度★★★☆☆ 烹饪方法：炒 分量：2人份

扫扫二维码
视频同步做美食

原料

红薯300克，白芝麻6克

调料

白糖100克，食用油适量

做法

1 将去皮洗净的红薯切成块。

2 热锅注油，烧至五成熟，倒入红薯，慢火炸约2分钟至熟透，捞出。

3 锅底留油，加入白糖，炒片刻，加入约100毫升清水，改用小火，不断搅拌，至白糖溶化，熬成暗红色糖浆。

4 倒入炸好的红薯，快速炒匀，再撒入白芝麻，炒匀起锅，将炒好的红薯盛入盘中即可。

1

2

3

4

Tips

红薯块要沥干水分后再下锅，以免溅油；白糖要炒至起泡再倒入红薯块，才可以使糖液均匀包裹红薯。

Tips

烹饪基围虾时，放入少许柠檬片可去
除腥味，使虾肉更鲜美。

好吃到连壳也不放过

椒盐基围虾

难易度★★★☆☆　烹饪方法：炸　　分量：1人份

原料

基围虾 150 克，葱白、蒜末、姜末、辣椒末、葱花各
适量

调料

椒盐、干淀粉、食用油各适量

做法

1　基围虾洗净，切去头须，切开背部，装入盘内，撒上
　　干淀粉。

2　热锅注油，烧至六成热时，倒入基围虾，炸约1分钟
　　至虾变红，捞出。

3　锅留底油，倒入葱白、蒜末、姜末、辣椒末煸香，倒
　　入基围虾翻炒匀。

4　撒入椒盐，拌炒均匀，再倒入葱花，翻炒片刻，装入
　　盘中即成。

好吃过瘾的米饭杀手

尖椒炒猪肚

难易度 ★★☆☆☆　烹饪方法：炒　分量：2 人份

原料

熟猪肚 250 克，青椒 150 克，红椒 40 克，姜片、蒜蓉、葱段各少许

调料

盐 3 克，料酒、味精、辣椒酱、蚝油、芝麻油、水淀粉、食用油各少许

做法

1　熟猪肚切成薄片；洗净的红椒、青椒均去除籽，斜刀切成菱形片。

2　油锅置于火上，放入葱段、姜片、蒜蓉爆香，再倒入猪肚，拌炒匀。

3　放入辣椒酱，炒匀入味，倒入料酒提鲜，再倒入青椒、红椒，拌炒至材料熟透。

4　转小火，加入盐、味精调味，再放入少许蚝油，翻炒至入味。

5　用水淀粉勾芡，淋入芝麻油，翻炒匀，出锅盛入盘中即成。

外焦里嫩香辣爽口

干锅排骨

扫扫二维码
视频同步做美食

难易度★★★☆☆　　烹饪方法：炒　　分量：2人份

原料

排骨400克，青椒15克，红椒15克，干辣椒、姜片、蒜末、青蒜段各少许

调料

盐2克，鸡粉2克，料酒10毫升，生抽8毫升，豆瓣酱7克，花椒10克，干淀粉、水淀粉、食用油各适量

做法

1　洗净的红椒、青椒切段。排骨洗净加入盐、鸡粉、生抽、料酒、干淀粉搅匀，腌渍约10分钟。

2　热锅注油烧至五成热，倒入排骨，快速搅散，炸半分钟至其呈金黄色，捞出。

3　锅底留油烧热，倒入姜片、蒜末、干辣椒、花椒、青蒜段爆香，放入青椒、红椒翻炒匀，加入排骨，淋入料酒、生抽炒匀提味。

4　加入豆瓣酱，翻炒出香味，加入适量盐、鸡粉，炒匀调味。注入适量清水，煮沸，再倒入适量水淀粉炒片刻，装入干锅中即可。

Tips

烹饪此菜时，可在勾芡的过程中加少许白醋，能增添香气。

清淡蔬菜也爱重口味

红烧冬瓜

难易度★★☆☆☆　烹饪方法：焖　分量：2人份

原料

冬瓜500克，红椒20克，葱段15克

调料

盐3克，味精1克，生抽、蚝油各3克，老抽、水淀粉、食用油各适量

做法

1　洗好的冬瓜切厚片，再改切成块；去皮洗净的红椒切开，去籽，改切成片；葱白切成段，葱叶切成葱花。

2　锅中注入清水烧热，倒入冬瓜，焯煮约3分钟至熟，捞出煮好的冬瓜，装入盘中。

3　炒锅热油，倒入葱段爆香，倒入冬瓜、红椒片炒匀，加入盐、味精、生抽、蚝油，炒匀，再加入少许清水，焖煮约1分钟至绵软，盛入盘中。

4　做法3的原汤汁烧开，加入老抽，拌煮片刻，加入水淀粉调匀，制成芡汁，浇在冬瓜上即成。

天生一对的经典搭配

西红柿炖牛腩

难易度★★★☆☆ 烹饪方法：焖 分量：3人份

原料

牛腩块300克，西红柿250克，胡萝卜70克，土豆100克，洋葱50克，姜片、香菜叶各少许

调料

盐3克，鸡粉、白糖各2克，生抽4毫升，料酒5毫升，食用油适量

做法

1 将洗净去皮的胡萝卜、土豆切滚刀块；洗好的洋葱和洗净的西红柿切块。

2 锅中注入适量清水烧开，放入洗净的牛腩块搅匀，氽去血渍后捞出，沥干水分，待用。

3 用油起锅，撒上姜片，爆香，倒入切好的洋葱、胡萝卜，炒匀，放入氽过水的牛腩块、土豆，炒匀，淋入料酒，炒匀，放入生抽，炒香。

4 倒入西红柿丁炒透。注入适量清水，加入少许盐，盖上盖，烧开后转小火煮约1小时。揭盖，转大火收汁，放入鸡粉、白糖，拌匀，至汤汁收浓，装在盘中，撒入少许香菜叶即可。

1

2

3

4

Tips

氽牛腩块时，可淋入少许料酒，能减轻牛肉的腥味，改善口感。

吃过实再难割舍

香辣虾

难易度★★☆☆☆　烹饪方法：炒　分量：2人份

原料

基围虾180克，草菇60克，白洋葱100克，朝天椒圈10克，九层塔碎少许，蒜末适量

调料

椰子油15毫升，盐2克，胡椒粉2克，辣椒粉3克

做法

1　草菇洗净对半切开，切粗条，再切成小块；处理好的白洋葱切小粒。

2　取一碗，倒入基围虾、草菇、椰子油、白洋葱、蒜末、朝天椒圈、辣椒粉、九层塔碎、盐、胡椒粉拌匀，封上保鲜膜，冷藏30分钟。

3　热锅倒入剩余的椰子油烧热，倒入腌渍好的食材，快速翻炒均匀，将食材炒至熟。

4　关火后将炒好的食材盛出装入盘中即可。

DISH 78

香卤茶叶蛋

难易度 ★★ ☆☆☆　　烹饪方法：卤　　分量：2人份

原料

鸡蛋2个，香叶4片，八角1个，茴香5克，甘草6克，红茶包1个

调料

盐1克，老抽、料酒、鱼露各5毫升

做法

1　锅中注水，放入鸡蛋，加盖，用大火煮约8分钟至熟。揭盖，捞出煮好的鸡蛋，放入凉水中降温。取出浸凉的鸡蛋，敲碎，去壳。

2　将去壳的鸡蛋装盘，在上面划出花纹以便后续煮制时入味。

3　另起砂锅，注水，放入处理好的鸡蛋，倒入原料中的香料，放入茶包。

4　加入老抽、料酒、鱼露、盐拌匀，加盖，用大火煮开后转小火卤2小时至入味，揭盖盛出，浇上适量卤汁即可。

冬日驱寒又滋补

萝卜炖牛肉

难易度 ★★☆☆☆ 烹饪方法: 炖 分量: 2 人份

扫扫二维码
视频同步做美食

原料

胡萝卜120克, 白萝卜230克, 牛肉270克, 姜片少许

调料

盐2克, 老抽2毫升, 生抽6毫升, 水淀粉6毫升

做法

1 将洗净去皮的白萝卜切成大块; 洗好去皮的胡萝卜切成块; 洗好的牛肉切成块, 备用。

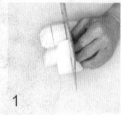

2 锅中注入适量清水烧热, 放入牛肉、姜片, 拌匀, 加入老抽、生抽、盐。

3 盖上盖, 煮开后用中小火煮30分钟, 揭盖, 倒入白萝卜、胡萝卜, 再盖上盖用中小火煮15分钟。

4 揭盖, 倒入适量水淀粉, 炒至食材熟软入味, 盛出煮好的菜肴即可。

Tips

牛肉先用清水浸泡两小时, 不仅能去除牛肉中的血水, 也可去除腥味。

家中常备的下酒菜

老醋花生

难易度★☆☆☆☆　烹饪方法：拌　分量：2人份

原料

花生米 200 克，香菜 10 克

调料

陈醋 40 毫升，盐 2 克，白糖 10 克，食用油适量

做法

1　将洗净的香菜切末备用。

2　锅中注入适量清水，倒入洗净的花生米，煮约 15 分钟
　　至熟，捞出沥干水备用。

3　锅中注油，烧至三成热，倒入煮好的花生米，炸至米
　　黄色，捞出花生米，沥干油，装入盘中备用。

4　碗中倒入适量陈醋，加入盐、白糖调味，倒入炸好的
　　花生米拌匀，再放入香菜末拌匀，装入盘中即可。

1　　　2　　　3　　　4

味美益身，柔软香润

蒜泥茄子

难易度 ★★☆☆☆　烹饪方法：蒸　分量：2人份

原料

茄子300克，蒜泥30克，熟白芝麻20克，香菜碎15克，芝麻酱35克

调料

盐、鸡粉各1克，白糖2克，生抽10毫升，芝麻油5毫升

做法

1　洗净的茄子切粗条，待用。

2　芝麻酱中放入盐、白糖、鸡粉，加入生抽、蒜泥，注入10毫升凉开水搅拌均匀。

3　加入芝麻油搅匀，放入洗净的香菜碎，搅匀成酱汁，待用。

4　电蒸锅注水烧开，放入茄子，加盖，蒸15分钟至熟软。

5　揭盖，断电后取出蒸好的茄子，往茄子上淋入酱汁，撒上白芝麻即可。

细腻滑嫩味道美

红烧肉丸子

难易度★★★☆☆ 烹饪方法：焖 分量：1人份

原料

肉末180克，姜末、葱花、蒜末各
少许

调料

干淀粉30克，盐、鸡粉各6克，白糖
2克，生抽、料酒各5毫升，白胡椒粉、
五香粉各2克，水淀粉5毫升，食用
油适量

做法

1 往肉末中加入盐、鸡粉、料酒、生抽、蒜末、
姜末、葱花、白胡椒粉、五香粉、干淀粉拌匀。

2 锅注油烧热，用手将肉末捏成肉丸生坯放入
热油中，炸至表皮酥脆，捞出，装盘。

3 另起锅倒入少许的清水，淋上生抽，煮至沸
腾，倒入炸好的丸子，加盖，大火焖3分钟。

4 揭盖，撒上盐、鸡粉、白糖，加入水淀粉，
充分拌匀入味，将煮好的丸子盛入碗中，撒
上葱花即可。

丰收景象惹人爱

东北乱炖

难易度★★★☆☆　烹饪方法：炖　　分量：2人份

扫扫二维码
视频同步做美食

原料

土豆 180 克，四季豆 70 克，午餐肉 65 克，圆椒 50 克，茄子 70 克，西红柿 80 克，姜片、葱段、高汤各适量

调料

生抽 5 毫升，鸡粉 2 克，盐 3 克，食用油适量

做法

1　处理好的四季豆切成段状；洗净的茄子用刀拍扁，撕成粗条；午餐肉切成厚片；洗净的圆椒切开去籽，切成小块；洗净去皮的土豆切成不规则的小块；洗净的西红柿切成瓣状。

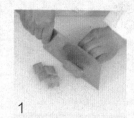

2　热锅注油烧热，倒入葱段、姜片爆香，倒入土豆、四季豆、茄子，淋上生抽，翻炒上色。

3　倒入高汤，放入午餐肉，拌匀，再加入盐，搅拌调味，盖上锅盖，大火炖 10 分钟至熟透。

4　掀开锅盖，倒入西红柿、圆椒翻炒匀，放入少许鸡粉，再稍微煮 5 分钟，装入碗中即可。

Tips

四季豆烹饪前可以先过道油，色泽会更鲜亮。

扫扫二维码
视频同步做美食

Tips

茄条炸好后最好挤出多余的油，这样菜肴才不会太油腻。

质朴好味很下饭

肉末茄子

难易度★★★☆☆　烹饪方法：炒　分量：1人份

原料

茄子100克，洋葱50克，青椒、红椒各15克，肉末100克，姜片、蒜末、葱段各少许

调料

盐2克，鸡粉2克，豆瓣酱15克，老抽2毫升，生抽3毫升，辣椒油、料酒、水淀粉、食用油各适量

做法

1　将茄子洗净去皮切成条；去皮洗净的洋葱切成条；洗净的红椒、青椒切成圈，备用。

2　锅注油烧热，放入茄子炸约1分钟，捞出，备用。

3　锅留底油，倒入姜片和蒜末爆香，倒入肉末炒至松散，倒入洋葱、青椒、红椒、料酒、豆瓣酱、老抽炒匀。

4　倒入适量清水，加入盐、鸡粉，倒入生抽，煮沸，加入辣椒油，放入茄子，炒匀，加入水淀粉，勾芡，放入葱段，用锅铲翻炒均匀，盛出装盘即可。

1　　2　　3　　4

蚝油一招鲜

蚝油生菜

难易度★☆☆☆☆ 烹饪方法：炒 分量：2人份

原料

生菜200克

调料

盐2克，味精1克，蚝油4克，水淀粉、
白糖、食用油各少许

做法

1 生菜洗净，切片。

2 用油起锅，倒入生菜，翻炒约1分钟至熟软。

3 加蚝油、味精、盐、白糖炒匀调味。

4 再加入水淀粉勾芡，盛入碗中，倒扣入盘内
即成。

味道鲜美营养好

扫扫二维码
视频同步做美食

清蒸多宝鱼

难易度★★☆☆☆ 烹饪方法：蒸   分量：2人份

原料

多宝鱼400克，姜丝40克，红椒35克，葱丝25克，姜片30克，红椒片、葱段各少许

调料

盐3克，鸡粉少许，芝麻油4毫升，蒸鱼豉油10毫升，食用油适量

做法

1 将洗好的红椒切开，去籽，再切成丝；处理干净的多宝鱼装入盘中，放入姜片，撒上少许盐，腌渍一会儿。

2 蒸锅烧开，放入装有多宝鱼的盘子，盖上盖，用大火蒸约10分钟至鱼肉熟透，取出。

3 用油起锅，注入少许清水，倒上适量蒸鱼豉油，加入鸡粉，淋入少许芝麻油，拌匀，用中火煮片刻，制成味汁，浇在蒸好的鱼肉上。

4 趁热撒上姜丝、葱丝，放上红椒丝，再撒上红椒片、葱段，浇上热油即可。

爽口开胃大口扒饭

香辣干锅花菜

难易度 ★★☆☆☆　烹饪方法：炒　分量：1人份

原料

花菜100克，五花肉片30克，干辣椒7克，蒜片、葱段、高汤各少许

调料

盐、鸡粉、生抽、料酒、食用油各适量

做法

1　洗净的花菜切成小朵。

2　锅中倒入适量清水烧热，加入盐、食用油拌匀，放入切好的花菜，焯煮至熟，捞出备用。

3　热锅注油，倒入蒜片、干辣椒，翻炒出辣味，倒入五花肉，炒至出油。

4　淋入少许料酒、生抽，倒入花菜，翻炒均匀，加入盐、鸡粉炒匀调味。注入少许高汤，大火煮沸，翻炒片刻至入味，盛入干锅即可。

1

2

3

4

Tips

五花肉用中火炒至出油，不仅油质好，香味也很浓。

Tips

鸡肉块也可先汆水后再烹调，这样能
减轻腥味。

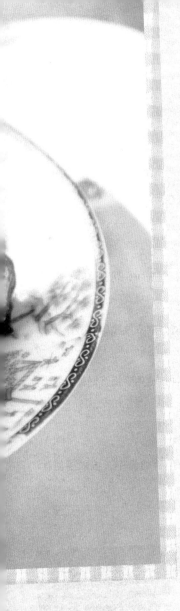

舌尖上的大东北

小鸡炖蘑菇

难易度★★★☆☆　烹饪方法：焖　分量：2人份

原料

鸡肉块350克，水发香菇160克，水发木耳90克，啤酒、水发笋干、干辣椒、姜片、蒜头、葱段各适量

调料

盐3克，鸡粉少许，蚝油6克，料酒4毫升，生抽5毫升，食用油适量

做法

1　洗净的笋干切段。

2　用油起锅，放入姜片、蒜头、葱白爆香，倒入鸡肉块炒匀，至其断生，淋上适量料酒，翻炒出肉香味，放入洗净的香菇，倒入笋干、干辣椒，大火炝出辣味，再倒入啤酒拌匀，加入少许盐、生抽、蚝油、拌匀调味。

3　加盖，烧开后用小火焖约30分钟，至鸡肉入味。揭盖，倒入洗净的木耳炒匀，再盖盖，用中小火煮约15分钟。

4　揭盖，加入少许鸡粉、葱叶即可。

1　2　3　4

DISH 89

蟹肥膏黄味鲜美

清蒸螃蟹

难易度 ★☆☆☆☆　烹饪方法：蒸　　分量：2人份

原料

螃蟹2只，葱10克，生姜15克，生菜少许

调料

浙江香醋适量

做法

1　将螃蟹刷洗干净；葱洗净，切去尾叶；生姜去皮，洗净切丝。

2　生姜、葱条放盘底，放入洗净的螃蟹，移至蒸锅。

3　加盖大火蒸7分钟，蒸熟后揭开锅盖，取出蒸熟的螃蟹。

4　姜丝放入醋中浸泡。

5　将螃蟹装入垫有生菜的盘中，佐以姜醋汁即可。

正宗的东北大菜

猪肉炖粉条

扫扫二维码
视频同步做美食

难易度★★★☆☆ 烹饪方法：炖 分量：2人份

原料

水发粉条300克，五花肉550克，姜片、葱段、香菜叶各少许，八角1个

调料

盐、鸡粉各1克，白糖2克，老抽3毫升，料酒、生抽各5毫升，食用油适量

做法

1 洗净的五花肉切块，氽煮一会儿至去除血水及脏污；泡好的粉条切成两段。

2 热锅注油，倒入八角、姜片、葱段爆香，放入五花肉稍炒均匀，加入料酒、生抽炒匀，注入适量清水，加入老抽、盐、白糖拌匀，加盖，用小火炖1小时至熟软入味。

3 揭盖，倒入泡好的粉条，拌匀，加入鸡粉，拌匀，加盖，续煮5分钟至熟软。

4 关火后盛出红烧肉粉条，装碗，放上香菜点缀即可。

外酥里嫩味道香

牙签肉

难易度★★★☆☆　烹饪方法：炸　分量：2 人份

原料

猪里脊肉180克,白芝麻8克,姜末10克,洋葱丁20克,
香菜适量

调料

盐、鸡粉各2克,蚝油3克,生抽、料酒、水淀粉各
3毫升,辣椒粉、孜然粉、辣椒油、食用油各适量

做法

1　洗净的猪里脊肉切丁,加入盐、鸡粉、生抽、蚝油、料酒、
辣椒粉、孜然粉、水淀粉、辣椒油拌匀,腌渍10分钟
至入味。

2　将腌好的猪肉丁用牙签一一穿起,装盘。

3　锅中注入足量油,烧至六成热,放入穿好的牙签肉,
油炸2分半钟至八成熟,捞出炸好的牙签肉,沥干油分,
装盘。

4　另起锅注油烧热,放入洋葱丁、姜末、白芝麻炒出香味,
放入炸好的牙签肉,翻炒数下至熟透且入味,放入垫
有香菜的盘中即可。

1

2

3

4

Tips

炸好的牙签肉可以用厨房纸吸走多余
的油分,减少油腻感。

Tips

菜肴中放了豆瓣酱和生抽，盐可少放。

DISH 92

停不了嘴的吮指香辣味

香辣蟹

难易度★★★☆☆　烹饪方法：焖　分量：1人份

原料

花蟹150克，干辣椒15克，花生仁20克，葱段、姜片、大蒜、香菜各少许

调料

豆瓣酱20克，盐、白糖各2克，鸡粉1克，生抽、料酒、水淀粉各3毫升，食用油适量

做法

1　用油起锅，放入大蒜、花生仁、姜片、葱段炒出香味，倒入豆瓣酱炒匀。

2　放入干辣椒翻炒数下，注入约150毫升清水，待煮沸后放入处理干净的花蟹块，拌匀。

3　加入盐、白糖、生抽、料酒搅匀，加盖，用大火煮开后转小火焖5分钟至入味。

4　揭盖，放入鸡粉，搅匀调味，加入水淀粉，搅至酱汁微稠，关火后盛出菜肴，装盘，放入洗净的香菜即可。

饭桌上的山野滋味

干锅青笋腊肉

难易度★★★☆☆　烹饪方法：炒　分量：2人份

原料

莴笋200克，腊肉150克，水发木耳30克，干辣椒15克，姜片、蒜片、葱白各少许

调料

料酒3毫升，老抽3毫升，盐3克，味精2克，食用油适量

做法

1　把去皮洗净的莴笋切成薄片；洗净的腊肉切成片；水发木耳切成小块；干辣椒切成段。

2　锅注油烧热，倒入姜片、蒜片、干辣椒、葱白，大火爆香。

3　倒入腊肉，翻炒出香味，淋入少许料酒，放入老抽，炒匀上色。

4　倒入莴笋片、水发木耳，翻炒至断生，注入适量清水，翻炒匀，用中火煮至材料熟透，再加入盐、味精，翻炒至入味。

5　关火，转入干锅中即成。

热乎乎的"周末菜"

干锅土豆鸡

难易度★★★☆☆　烹饪方法：焖　　分量：3人份

原料

光鸡750克，土豆片100克，蒜薹50克，干辣椒10克，香菜、姜片、葱段各少许

调料

盐3克，味精、蚝油、豆瓣酱、料酒、花椒、食用油各适量

做法

1　将洗好的光鸡斩块，蒜薹洗净切段。

2　锅中注入适量清水烧开，倒入鸡块，淋入料酒，焯至断生，捞出。

3　锅注油烧热，倒入姜片、葱段、花椒、干辣椒，炒出香味，倒入鸡块，翻炒出油。

4　加豆瓣酱、土豆、蒜薹翻炒，淋入料酒拌匀，倒入少许清水拌匀，加盖焖煮2分钟。

5　揭盖，加盐、味精和蚝油炒匀，盛入干锅内，将干锅加热，放入香菜即成。

海鲜味美蒜香浓

蒜蓉粉丝蒸扇贝

难易度★★☆☆☆　烹饪方法：蒸　分量：1人份

原料

扇贝300克，水发粉丝100克，蒜蓉30克，红椒30克，葱花少许

调料

盐、鸡粉、生抽、食用油各适量

做法

1　粉丝洗净，切段；扇贝洗净，对半切开，清洗干净，装盘；洗净的红椒切碎。

2　起油锅，倒入蒜蓉，炸至金黄色，放入红椒碎炒匀，盛入碗中备用。

3　扇贝上撒粉丝；炒好的蒜蓉加入盐、鸡粉拌匀；把蒜蓉浇在粉丝上，放入蒸锅。

4　盖上锅盖，中火蒸约5分钟至扇贝、粉丝熟透，取出，撒入葱花，淋入少许生抽，再浇上热油即成。

Tips

扇贝本身极具鲜味，所以在烹调时应少放鸡粉和盐，以免破坏扇贝的天然鲜味。

最爱那一缕蒜香味

蒜香口蘑

难易度 ★★☆☆☆　烹饪方法：煎　分量：1人份

原料

口蘑5个，欧芹碎、蒜末各适量

调料

盐2克，橄榄油适量

做法

1　口蘑洗净后把柄去掉；洗净的欧芹切成碎。

2　锅注入橄榄油烧热，倒入蒜末炒香，盛出。

3　把口蘑朝下放入锅中，煎片刻至稍微变色，再将口蘑翻转。

4　将少许蒜末放进口蘑中，小火煎至汁水溢满口蘑内部。

5　撒上少许盐，放入欧芹碎，装入盘中摆好即可。

DISH 97

 扫扫二维码
视频同步做美食

外酥里嫩好吃不腻

锅塌茄盒

难易度★★★☆☆　烹饪方法：煎　分量：2人份

原料

茄子130克，肉末150克，鸡蛋2个，彩椒30克，青椒少许，面粉25克，高汤140毫升，姜丝、葱丝各少许

调料

盐3克，鸡粉2克，蚝油8克，料酒4毫升，干淀粉、水淀粉、食用油各适量

做法

1　将洗净的彩椒、青椒切粒；洗净的茄子切上花刀，切厚片；鸡蛋留少许蛋清，蛋黄搅散，调成蛋液；肉末倒入蛋清，加入少许盐、鸡粉、料酒、干淀粉，搅拌至起劲，制成肉馅。

2　茄子片夹入适量的肉馅，再依次滚上蛋液和面粉，制成茄盒生坯，炸约3分钟，捞出。

3　锅注油烧热，撒上姜丝、葱丝爆香，倒入茄盒煎一会儿，放入彩椒粒和青椒粒，注入高汤煮沸，加入适量蚝油、盐、鸡粉、水淀粉，拌匀调味，盛出，装在盘中即可。

来自大地与海洋的馈赠

香芹辣椒炒扇贝

难易度★★☆☆☆　烹饪方法：炒　分量：1人份

原料

扇贝300克，芹菜80克，干辣椒、姜片、蒜末各少许

调料

豆瓣酱15克，盐2克，鸡粉2克，料酒5毫升，水淀粉、食用油各适量

做法

1　将洗净的芹菜切成段。

2　锅中注入适量清水，倒入洗净的扇贝，搅匀，再煮约半分钟，捞出，沥干水分，取出扇贝肉，放在盘中，待用。

3　用油起锅，放入姜片、蒜末、干辣椒，用大火爆香，倒入切好的芹菜，翻炒至断生，倒入备好的扇贝肉，炒匀、炒透。

4　再淋入料酒，炒香提味，加入豆瓣酱，快速翻炒片刻，放入鸡粉、盐，淋入少许水淀粉，炒匀，装在盘中即成。

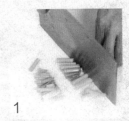
1

2

3

4

Tips

氽煮扇贝时，撒上少许小苏打和白醋，能有效去除其腥味。

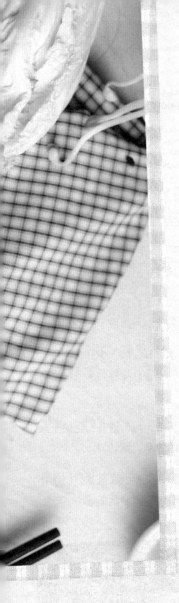

白菜炖豆腐

难易度★★☆☆☆　　烹饪方法：炖　　分量：2人份

原料

冻豆腐150克，白菜100克，水发粉丝90克，姜片、葱花各少许，高汤450毫升

调料

盐3克，鸡粉2克，食用油适量

做法

1　将洗净的白菜切去根部；洗好的冻豆腐切开，改切长条块。

2　砂锅置火上，倒入少许食用油烧热，放入姜片爆香，注入高汤略煮，至汤汁沸腾。

3　倒入白菜、冻豆腐，再注入少许清水，加入适量盐、鸡粉，放入粉丝，搅拌匀。

4　盖上盖，转小火煮约15分钟，至食材熟透，揭盖，搅拌几下，再转大火，略煮片刻，装入盘中，撒上葱花即成。

DISH 100

香菇鸡蛋两相宜

香菇炒鸡蛋

难易度★★☆☆☆ 烹饪方法：炒   分量：1人份

原料

鲜香菇80克，鸡蛋2个，葱花少许

调料

盐6克，鸡粉2克，水淀粉、食用油各适量

做法

1 把洗净的香菇切成片。

2 鸡蛋打入碗中，加入少许盐、鸡粉，再倒入少许水淀粉，搅匀，制成蛋液。

3 锅中倒入适量清水烧开，放入少许食用油，再加入4克盐，倒入香菇搅拌匀，煮约半分钟，捞出。

4 用油起锅，倒入蛋液，摊匀铺开，翻炒至成型，放入焯煮好的香菇，翻炒匀。

5 加入少许盐、鸡粉，撒上少许葱花，快速拌炒均匀至食材熟透，盛出装盘即成。